海流能发电技术与装备

李 伟 刘宏伟 林勇刚 著

科学出版社

北 京

内 容 简 介

本书结合国内外海流能发电装备的技术发展，全面介绍了水平轴海流能发电机组从理论设计到实海况测试的一套完整流程方法，并重点对装备的关键技术进行了深入介绍，内容涉及叶片设计理论、能量传动技术、密封设计、装备测试技术、变桨技术、海流能装备的离网和并网型电气系统、机组控制系统及实海况运行测试等。本书的特色在于将海流能发电装备的理论研究与实海况工程应用相结合，通过大量的应用实例讲解，使读者能够掌握水平轴海流能发电装备的设计与测试技术。

本书可以作为高等院校机械电子工程专业研究生或相关专业本科生的教材，也可作为相关专业科技人员的参考资料。

图书在版编目（CIP）数据

海流能发电技术与装备/李伟，刘宏伟，林勇刚著. —北京：科学出版社，2020.7

ISBN 978-7-03-065599-8

Ⅰ．①海…　Ⅱ．①李…　②刘…　③林…　Ⅲ．①海流发电　Ⅳ．①TM612

中国版本图书馆 CIP 数据核字（2020）第 114065 号

责任编辑：朱英彪　纪四稳／责任校对：杨聪敏
责任印制：吴兆东／封面设计：陈　敬

科学出版社 出版
北京东黄城根北街 16 号
邮政编码：100717
http://www.sciencep.com
北京中石油彩色印刷有限责任公司 印刷
科学出版社发行　各地新华书店经销

*

2020 年 7 月第 一 版　开本：720×1000　B5
2022 年 4 月第三次印刷　印张：16 3/4
字数：337 000

定价：118.00 元
（如有印装质量问题，我社负责调换）

前　言

　　由传统化石能源的过度消耗引起的环境问题、能源战略安全问题日益突出，开发利用绿色可再生能源已成为世界各国的重要发展目标。目前陆上风电的大规模应用技术不断成熟，研究人员将目光投向广袤的海洋，这也有助于能源供给的多样性发展。海洋蕴藏着丰富的海流能、波浪能及温差能等，对此类能源的开发在近 20 年取得了显著的进展。与波浪能、温差能等仍处于研究或示范运行阶段相比，海流能发电技术已基本上聚焦于水平轴形式的海流能发电装置，并已接近商业化运行阶段。受资源特性影响，欧洲在海流能开发方面处于技术领跑地位，我国的海流能发电技术近 10 年在国家政策及科技部项目、海洋可再生能源资金项目等的大力支持下，也取得了跨越式发展。

　　尽管海流能发电技术与风力机技术有很大的相似性，但由于海洋环境复杂且介质不同，海流能发电装置在功率密度、单位面积载荷、水下密封、叶片气蚀、装备防腐和防生物附着以及机组控制策略等方面均具有显著的特点，对装备的可靠性设计、高效捕能和稳定性发电等都带来了严峻的挑战。虽然取得了跨越式发展，但不可否认，我国在海流能发电装置设计开发领域的技术仍比较薄弱，更缺少介绍海流能发电装置设计技术的图书和相关国家标准。因此，作者在多年从事水平轴海流能发电机组研究、研制与海上测试、运行维护的基础上撰写了本书，以期为从事海流能发电研究的工程技术人员提供一定的帮助。

　　本书共 10 章。第 1 章主要介绍国内海流能资源分布特点，对国内外海流能发电技术发展现状进行分析，并对未来海流能发电技术的发展趋势进行预测。第 2 章首先介绍海流能发电机组叶片设计的基础理论及叶片的多目标优化方法；然后对叶片水动力结构、机械结构的传统设计方法和基于遗传算法的设计方法进行阐述；最后就湍流对叶轮能量捕获特性的影响进行分析。第 3 章对当前主要的水平轴海流能发电装备传动技术进行介绍，包括高速比齿轮传动技术、半直驱传动技术、直驱传动技术，并对比分析它们各自的优缺点。第 4 章主要针对水平轴海流能发电机组的能量特性，对液压式能量传动技术及机械液压混合传动技术在海流能发电装备传动系统中的应用技术进行介绍。第 5 章简要分析水平轴海流能发电机组的密封方式，并结合作者的实际经验，对机组密封系统的测试方法进行介绍。第 6 章对水平轴海流能发电机组部分关键部件的测试方法进行重点介绍，主要包括叶轮的功率特性、载荷特性以及传动系统的功率测试、五自由度加载系统等。第 7 章主要介绍水平轴海流能发电机组的变桨技术，包括变桨结构形式、变桨驱动系统及其设计与测试方法等，并以 20kW 水平轴液压变桨为例进行说明。第 8 章分别对水平轴海流能发电机组的并网型电气系统和离网型电气系统的工作原理和系统组成等进行介绍，并针对各种电气拓扑简单介绍对应的控制策略。第 9 章介绍水平轴海流能发电机组控制系统，首先分析控制系统的功能，提出控制系统设计原则；然后详细介绍控制系统的软硬件设计方法；最后对水平轴海流能发电机组的功率控制技术和载荷抑制控制技术进行介绍。第 10 章介绍系列化海流能发电机组的海上布放方法、安装形式及实海况测试结果等，并对未来海流能发电场涉及的多机组列阵布放技术进行仿真研究。

在本书的撰写过程中，得到了南京高精船用设备有限公司舒永东副总经理、吉青山高级工程师、韩林平高级工程师，南安普敦大学 AbuBakr S. Bahaj 教授，浙江大学顾海港高级工程师等的大力支持，他们为本书的完成提供了参考资料和修改建议，在此表示衷心感谢。项目组成员顾亚京、周宏宾、李阳健、高艳婧等参与了本书的图文修订，在此一并致谢。在本书的撰写过程中参阅了大量文献，在此对相关文献的作者表示感谢。

由于作者水平有限，书中难免存在疏漏或不足之处，敬请读者批评指正。

作　者

2020 年 5 月

目　　录

第1章 绪 论

海流能发电技术是近年来可再生能源领域的研究热点,目前已取得了显著进展。在完成理论研究、模型样机测试后,海流能发电技术开始进入海流能发电场的示范建设阶段。本章首先介绍海流能资源及海流能发电原理,然后综述国内外海流能发电技术研究现状和发展水平,最后对海流能发电技术的未来发展趋势进行展望。

1.1 海流能发电概述

1.1.1 海流能资源

海流和潮流是海洋中两种成因和性质不同的海水流动。海流是指海面上的风力驱动产生的风海流或因海水温度、盐度分布不均匀等产生的热盐环流,二者均为海水在大规模和较长时间内的流速、流向(路径)相对稳定的流动。潮流是指在海洋中,由于地球与月球、太阳做相对运动产生的作用于海水的引潮力(月球、太阳引力与惯性离心力的矢量和,见图 1.1),使海水产生的周期性涨落潮现象(统称潮汐)中的水平流动。潮汐和潮流运动的周期相同,有半日潮、全日潮和混合潮三种。在沿岸较狭窄的海域,因受海岸的影响,潮流为往复流(流向在两个基本相反的方向往复变化)[1]。

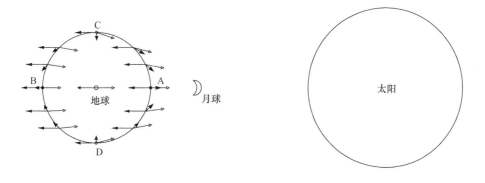

→ 地月系统惯性离心力　　→ 引力　　→ 引潮力

图 1.1 潮汐引潮力示意图

海流或潮流储存的动能称为海流能或潮流能,由于产生的性质不同,潮流主要发生在沿岸或浅海，其流态受陆地边界影响而变化较大；海流主要发生在深海及大洋且比较稳定。潮流流速比海流流速大很多，全球范围内，较强潮流的最大流速可达 4～5m/s，最强潮流的最大流速可达 7～8m/s，而较强海流的最大流速仅 1.5m/s，最强海流的最大流速仅 2.5m/s。但从能量利用的角度看，海流能和潮流能均为海水的流速动能，其资源储量的计算原理和方法、能量利用转换的原理和方式基本相同，故本书所述海流泛指广义上的海水流动，即包括传统意义的海流和潮流。因在深海大洋利用海流能更为困难，故当前人们关注的重点是传统意义上的潮流能利用。

海流能所蕴藏的功率与流速的平方、流量均成正比。由于海流的流速、流向遵循相对严格的周期规律变化，故海流能发电最显著的特性是周期性波动和间歇性，但可以提前准确预报。根据 1989 年对中国沿岸 130 个水道的统计资料，计算获得中国沿岸海流能可开发的年平均理论功率约为 1394.85×10^4kW。其中浙江钱塘江口、杭州湾、舟山群岛海域属于世界上海流能功率密度最大的地区之一，海流能资源非常丰富，约占全国总量的 51%，不少水道的最大功率密度可达 15～30kW/m²，具有良好的开发价值[2]。详细的中国海流能资源分布如表 1.1 所示。尽管与潮汐能相比，海流能的能量密度较小，但由于海流能发电机组的诸多优点，如无须建大坝、规律性强、便于电力调度等，近年来受到了国际上研究机构及企业的广泛关注，并被认为具有广阔的开发应用价值[3]。

表 1.1 中国海流能资源分布[2]

分区	一类区 (V_m≥3.06m/s)	二类区 (2.04m/s≤ V_m<3.06m/s)	三类区 (1.28m/s≤ V_m<2.04m/s)	理论功率 /10⁴kW	水道数
辽宁	老铁山水道北侧		长山东水道、瓜皮水道、三山水道、小三山水道	113.05	5
山东		北隍城北侧	庙岛群岛诸水道、东部海岸	117.79	7
长江口		北港、南槽	横沙小港口、北槽	30.49	4
浙江	舟山西堠门、金塘水道、龟山水道等，杭州湾口北部	舟山诸水道、椒江口	舟山诸水道、象山港、三门湾、台州湾、乐清湾	709.03	37
福建	三都澳内三都角西北部	三都岛东部、闽江口、海坛海峡南部、大竹航门	沙埕港、兴化湾、海坛海峡诸水道	128.05	19
台湾		澎湖北部、澎湖南部、台湾北端、麟山鼻北	澎湖列岛、台湾西部、三貂角东北	228.25	35
广东		琼州海峡东口水道、外罗水道	珠江口、粤西沿岸诸水道	37.66	16
广西		珍珠港口	大风江口、龙门港、防城港	2.31	4
海南		琼州海峡东口南水道	澄迈湾口、莺歌海	28.24	3
全国	11 处(8.5%)	41 处(31.5%)	78 处(60%)	1394.85	130

注：V_m 指最大流速。

1.1.2 海流能发电原理

海流能发电机组具有与现代风力发电机组相似的工作原理，故有时海流能发电装置也被称为"水下风车"。整体上来看，海流能发电装置一般包括以下几个部分：海上安装载体、机组能量捕获机构、能量传动系统、机电转换单元、电能变换单元、控制系统、电力传输与负载系统等。一次能量捕获机构捕获海流携带的动能，并将水流动能转化为叶轮旋转的机械能，经过传动系统(机械传动方式、液压传动方式等)将叶轮的转动能传递给机电转换单元(通常是旋转型发电机)，发电机再将机械能转化为电能，从而实现流体动能到电能的转换。但由于发电机输出的电能是一种不稳定、品质不高的电能，还需要通过控制系统、电力电子器件完成对发电机输出电压、输出频率、功率因素等的调节，再接入电网或储能系统。此外，海流能发电机组的关键技术还包括可靠的动静密封、叶片变桨(也有极少数机构采用偏航系统)、水下防腐和防生物附着等。

根据叶轮的结构形式，目前国际上海流能发电装备主要分为水平轴结构和垂直轴结构两种基本结构形式。水平轴海流能发电机组叶轮的旋转轴与水流方向一致，所有叶片在整个工作扫截面都提供使叶轮旋转的升力，该特点决定了水平轴海流能发电机组具有启动特性好、能量捕获效率高的优点，但由于传动系统及发电机等均置于水下，故对总体系统的可靠性要求更高，要求的系统控制难度也较大，且需要双向对流机构如变桨系统或偏航机构以满足可以在双向流中发电的要求。垂直轴海流能发电机组的结构特点是叶轮旋转轴与水流方向垂直，在每个旋转周期内一部分叶片会产生叶轮旋转的阻力矩，所以其效率较低(与垂直轴机组20%左右的效率相比，水平轴机组效率通常可以达到40%以上)。垂直轴海流能发电机组的优点是其叶片设计简单，加工制造容易，能够实现各个方向来流发电，并且由于传动及电气系统均位于水面之上，所以安装维护成本相对较低。但是，与水平轴海流能发电机组相比，垂直轴海流能发电机组启动性能较差，这些都极大地制约了垂直轴机型的推广。

除上述水平轴和垂直轴两种形式，国际上也有机构从事振荡水翼式、涡激振动式等新型海流能发电装置的研究，但海上示范应用案例不多。随着国际上海流能发电装置研究的不断深入、应用技术的不断成熟，水平轴海流能发电装置越来越受到研究者的青睐，并已成为国际上的主流。

1.2 海流能发电技术现状

早在20世纪70~80年代日本和美国就曾开展过利用黑潮海流和佛罗里达海流的研究，加拿大也开始了海流能利用的研究[4]，但受国际能源局势变化的影响，该类研究未能持续下去。20 世纪 90 年代初期，当拦海筑坝的潮汐发电技术由于对生态环境会产生潜在的影响而发展受阻时，英国率先另辟蹊径，开始了不建坝的海流能发电技术研究。经过 20 多年的发展，世界海流能发电技术已经完成理论研究、模型试验和海上样机测试等前期工作，进入了装置商业化示范运行阶段。国际上多个研究机构的大型兆瓦级海流能发电设备已开始原型机的海上并网运行研究，逐步向商业化应用迈进。

目前对海流能发电技术研究处于前列的国家包括英国、挪威、加拿大、韩国和中国等[5-8]。随着当前一些国际大公司纷纷进入海流能发电技术领域，商业化进程进一步加快[9]。英国原 MCT (Marine Current Turbines) 公司于 2003 年 5 月在北德文郡 Lynmouth 外海安装了 300kW 海流能发电机组 SeaFlow，如图 1.2(a)所示，它是世界上第一台大型水平轴海流能发电样机。2008 年，该公司又开发了 1.2MW(2×600kW) SeaGen 机组，如图 1.2(b)所示，并于北爱尔兰 Strangford 附近海域并网运行。这两台机组均采用了两叶片叶轮方案和桩式安装方案，并采用了电动变桨技术。随着国际上海流能发电技术的不断发展，该公司先后被德国西门子公司和英国 Atlantis 公司收购。

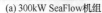

　　　　(a) 300kW SeaFlow机组　　　　　　　　(b) 1.2MW SeaGen机组

图 1.2　英国原 MCT 公司海流能发电机组

目前英国 Atlantis 公司的海流能发电机组最大单机容量已达到 1.5MW(图 1.3)，拥有 1.5MW AR1500 和 1.5MW SeaGen U 两种兆瓦级机型，其在建的 398MW MeyGen 项目中已投产的 4 台机组部分采用了这两种机型。2018 年该公司与美国通用电气公司开始合作研制 2MW 机型 AR2000，据称该机组采用新型电-机械变桨机构和 360°偏航系统。截至目前，该公司的大型海流能发电机组均采用了重力基础式安装方案。

英国 Tidal Generation 公司从 2005 年开始海流能发电技术研究，后被法国 Alstom 公司收购，先后完成了 500kW(图 1.4)和 1MW 变桨海流能发电机组(2013 年)的海上安装。

2016 年，苏格兰 Orbital Marine Power 公司在欧洲海洋能源中心(Europe Marine

Energy Center, EMEC)成功布放了装机容量为 2MW 的海流能发电机组 SR2000，如图 1.5 所示。据报道，在 12 个月的测试周期内其为苏格兰 Orkney 岛提供了 3250MW·h 的电力，验证了漂浮安装方案的可行性。

图 1.3　英国 Atlantis 公司 1.5MW AR1500 海流能发电机组

图 1.4　英国 Tidal Generation 公司
500kW 海流能发电机组

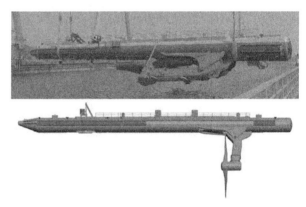

图 1.5　苏格兰 Orbital Marine Power 公司
2MW SR2000 海流能发电机组

挪威 AHH(Andritz Hydro Hammerfest)公司于 2003 年在海上测试了 300kW 坐底式三叶片水平轴海流能发电机组 HS300，如图 1.6(a)所示。该公司于 2011 年研制出 1MW 全尺寸海流能发电机组 HS1000，如图 1.6(b)所示，于 2012 年在 EMEC 完成并网测试。至 2020 年该公司已提供了 MeyGen 项目 4 台机组中的 3 台，单机功率 1.5MW，如图 1.6(c)所示[10]。

中国是世界上最早开展海流能发电技术研究的国家之一。早在 1958 年，在全国建设潮汐电站的热潮中，广东省在顺德区、山东省在荣成县就进行了小型海流能发电试验。1969 年和 1979 年分别在江苏省长江大桥下和浙江省舟山市西堠门

(a) 300kW HS300机组　　　　(b) 1MW HS1000机组　　　(c) 1.5MW MK1 Turbine机组

图 1.6　挪威 AHH 公司系列化海流能发电机组

水道进行了海流能发电试验。自 20 世纪 80 年代初，哈尔滨工程大学在国家科学技术委员会的支持下，开始了系统性的海流能发电技术研究，其研究较多地聚焦于漂浮系泊、双转子垂直轴发电装置上，并先后于 2002 年和 2005 年在浙江省舟山市岱山县海域建成 70kW 漂浮式和 40kW 坐底式海流试验电站[11]。从 2012 年开始在国家科技支撑计划及国家海洋能专项资金的支持下又先后研制了 2×150kW"海能Ⅰ"、2×100kW"海能Ⅱ"、2×300kW"海能Ⅲ"(图 1.7)垂直轴海流能发电机组[12]。

图 1.7　"海能Ⅲ"海流能发电机组[12]

　　受政策的鼓舞以及政府有关部门的支持，从 21 世纪初开始，海流能发电在我国得到了蓬勃的发展，并取得了显著的成绩。从 2004 年开始，浙江大学、东北师范大学和中国海洋大学等高校相继投入到水平轴海流能发电装置的研究中，哈尔滨工程大学也对水平轴机型进行了部分研究。2010 年以来，在国家科技支撑计划和海洋能专项资金支持下，水平轴海流能发电装置的研究取得了重要进展，百千瓦级发电装备全面进入了海试阶段，基本解决了水平轴海流能发电装备的关键技术和瓶颈技术问题，主要部件也实现了国产化。

　　浙江大学近十年先后独立完成了 60kW 试验样机、120kW 工程化比例样机、650kW 示范样机等的研制工作。其中 60kW 海流能发电机组于 2014 年 5 月下海运行，目前机组运行状态稳定，日发电量在 100～300kW · h(对应小潮至大潮)，如图 1.8 所示。该机组通过了中国船级社现场运行见证,多年的稳定运行表明机组具有较高的可靠性及冗余度,同时也初步验证了适用于我国海流能资源特点的主轴动密封技术。

图1.8 浙江大学60kW海流能发电机组及控制台

浙江大学于 2015 年研制成功的 120kW 液压变桨海流能发电机组首次应用了电液变桨控制技术,同时实现了国内百千瓦级海流能发电机组的首次并网运行。随后浙江大学启动了中大型海流能发电机组的研制,对大型水平轴海流能发电装备的载荷特征及整机控制方案等产品化关键技术、面向产业化的漂浮式平台海上安装方式及机组载荷测试技术等进行了研究,于 2017 年完成 650kW 海流能发电机组的研制,并成功下海试验,如图 1.9 所示。

截至 2017 年,浙江大学建成了拥有三个测试泊位的海流能试验电站,并具备了为国内海流能装备研制单位提供海上机组测试技术的支撑条件,如图 1.10 所示。

图 1.9 浙江大学 650kW 海流能发电机组

图 1.10 浙江大学海流能试验电站

浙江大学与国电联合动力技术有限公司合作研制的 300kW 电气变桨型海流能发电装置，于 2018 年 4 月至 2019 年初进行了海上测试，取得成功。东北师范大学与杭州江河水电科技有限公司合作开发的直驱型 300kW 水平轴海流能发电装置、哈尔滨电机厂有限责任公司研制的 300kW 水平轴海流能发电装置也先后在浙江舟山浙江大学海流能试验电站进行了海上试验。中国海洋大学也研制了 2×50kW 水平轴海流能发电装置"海远号"，于 2013 年 8 月在青岛斋堂岛附近进行了海上测试，装置如图 1.11 所示[13]。

图 1.11　中国海洋大学 2×50kW "海远号" 海流能发电装置

经过 20 多年发展，中国在海流能发电装置的系统设计、关键技术研究、性能分析和装置研发等方面均取得了长足的进步，一些关键技术已获得突破，并积累了一定的海上运行经验。各装备研发机构与相关企业合作，加紧开展工程样机的试制和产品化定型工作，为海流能开发的商业化做准备。

然而，将国内外的行业发展水平进行横向比较后，可以发现我国的海流能发电领域仍存在一些不足之处，如海流能装置过度依赖国家财政投入、商业资本投入的积极性较低、海流能发电产业化及海域使用等缺少统一规划等。此外，从技术上讲，中国周边海域具有独特的资源特点，如泥沙含量大、台风频繁等，所以一些针对我国资源特点的基础性研究仍有待深入，同时海流能发电装置的可靠性也需要继续进行更长时间的验证。

1.3　海流能发电技术未来发展趋势

进入 21 世纪，海流能发电技术得到了快速的发展，国外起步较早、发展较快的国家已经进入单机功率兆瓦级水平，目前朝着单机功率更大、机组阵列运行的商业化模式迈进。国内也已进入百千瓦级海流能发电机组的研发和示范运行阶段，并开始了单机功率兆瓦级机组的研究与并网商业化运行的规划。我国的《能源技术革命创新行动计划(2016—2030 年)》提出，在开发研制高效率的海流叶轮及适合海流资源特点的翼型叶片的同时，突破发电机组水下密封、低流速启动、模块设计与制造等关键技术；同时开展兆瓦级海流能发电场技术与标准体系的建设，建设一批示范工程，从而推进海流能发电的规模化利用。

《海洋可再生能源发展"十三五"规划》也提出，积极推进多种形式的单机300kW 以上海流能发电机组的海上测试及应用，建设兆瓦级海流能发电并网示范工程；同时开展小单机容量、多台(套)海流能阵列化发电场建设与示范，稳步推进百千瓦级海流能独立供电示范工程及应用，为近海岛屿提供能源解决方案。

综上，海流能发电技术可以概括为两个主要的发展趋势：一是发展小型海流能发电装置，为远离大陆的独立海岛、海上作业平台或装置提供电力；二是发展中大型海流能发电装置，形成海流能发电场，与近岸陆地或海岛电网并网提供电力。

1.4　本 章 小 结

本章首先阐述了天体运动产生的海流及我国近岸的海流资源分布情况；然后对海流能发电技术原理及主要开发利用形式进行了介绍，并罗列了目前国内外一些主流的海流能发电机组及部分相关技术，通过对我国海流能发电技术现状的对比分析，指出了我国海流能发电技术目前仍存在的问题；最后结合我国的能源政策对未来海流能发展趋势进行了展望，认为推进海流能发电装备的大型化以作为陆地电网的有效补充和为海岛或海上设施提供独立电能是此类能源装备的主要发展趋势。

参 考 文 献

[1] 王传崑, 卢苇. 海洋能资源分析方法及储量评估[M]. 北京: 海洋出版社, 2009.

[2] 王传崑, 施伟勇. 中国海洋能资源的储量及其评价[C]. 中国可再生能源学会海洋能专业委员会第一届学术讨论会, 杭州, 2008: 169-179.

[3] Pelc R, Fujita R M. Renewable energy from the ocean[J]. Marine Policy, 2002, 26(6): 471-479.

[4] Lissaman P B S, Radkey R L. Coriolis program: A review of the status of the ocean turbine energy system[C]. OCEANS'79, San Diego, 1979: 559-565.

[5] Bahaj A S, Molland A F, Chaplin J R, et al. Power and thrust measurements of marine current turbines under various hydrodynamic flow conditions in a cavitation tunnel and a towing tank[J]. Renewable Energy, 2007, 32(3): 407-426.

[6] Myers L, Bahaj A S. Simulated electrical power potential harnessed by marine current turbine arrays in the Alderney Race[J]. Renewable Energy, 2005, 30(11): 1713-1731.

[7] Rourke F O, Boyle F, Reynolds A. Marine current energy devices: Current status and possible future applications in Ireland[J]. Renewable and Sustainable Energy Reviews, 2010, 14(3): 1026-1036.

[8] Zhou Z, Sciuller F, Charpentier J F, et al. An up-to-date review of large marine tidal current turbine technologies[C]. International Power Electronics and Application Conference and Exposition, Shanghai, 2014: 480-484.

[9] Bahaj A S. Generating electricity from the oceans[J]. Renewable and Sustainable Energy Reviews, 2011, 15: 3399-3416.

[10] Donovan C, Hirst S, Dunbar A, et al. Subsea hub decommissioning programme[R]. Caithness: MeyGen PLC, 2020.

[11] 马勇, 张亮, 马良, 等. 竖轴水轮机式潮流能发电装置开发现状与发展趋势[J]. 科技导报, 2012, 30(12): 73-77.

[12] 史宏达, 王传崑. 我国海洋能技术的进展与展望[J]. 太阳能, 2017, (3): 30-37.

[13] Gu Y J, Liu H W, Li W, et al. Integrated design and implementation of 120-kW horizontal-axis tidal current energy conversion system[J]. Ocean Engineering, 2018, 158: 338-349.

第 2 章   海流能发电机组叶片设计 及水动力特性分析

叶轮作为海流能发电机组的一次捕能机构，不仅关系到整个机组的能量捕获效率，同时对整个机组的水动力载荷具有较大的影响，因此叶轮结构的优化设计对提高海流能发电系统的高效性和可靠性具有重要意义。本章首先从叶片设计的基本理论出发，对与叶片水动力特性相关的翼型、叶片水动力外形等的设计方法进行阐述；然后对与叶片机械结构设计相关的载荷分析和结构优化设计等进行研究；最后介绍湍流对叶轮能量捕获特性及载荷特性的影响。

2.1   海流能发电机组翼型的优化设计技术

2.1.1   翼型升阻特性

翼型是组成叶片水动力结构的基本单元，叶片的升阻特性与截面翼型形状有着密切的关系。概括而言，对于水平轴海流能发电机组，翼型的选择或优化设计主要集中在以下三个方面，即翼型的升阻特性、空化特性及结构力学特性。本节主要介绍翼型的升阻特性。

水平轴海流能发电机组的叶轮均为升力型，即推动叶轮旋转的转矩来源于叶片升力分量，如图 2.1 所示。

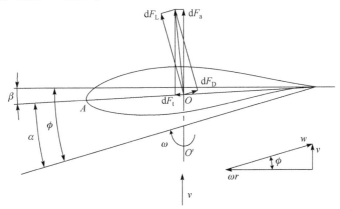

图 2.1   叶片翼型受力分析

图 2.1 中，w 为叶片相对于水流的流速；v 为远方来流速度；ω 为叶轮转速；r 为叶片当前截面半径；α 为翼型攻角；β 为叶片安装节距角；ϕ 为翼型入流角；$\mathrm{d}F_L$ 为垂直于相对流速的翼型升力；$\mathrm{d}F_D$ 为与相对流速同向的翼型阻力；$\mathrm{d}F_L$ 和 $\mathrm{d}F_D$ 的合成作用会产生推动叶片旋转的驱动力 $\mathrm{d}F_t$，同时也会产生较大的轴向力 $\mathrm{d}F_a$。由此可见，翼型选择及优化设计对提高叶轮的能量捕获效率及改善轴向力具有重要影响[1, 2]。

翼型的升阻特性常用升力系数和阻力系数来描述，由雷诺数决定。为了获得这两个系数，首先要通过试验获取翼型的升力和阻力，然后运用式(2.1)求得升力系数和阻力系数，用此无量纲化参数来表征翼型的升阻力。

$$\begin{cases} C_L = \dfrac{F_L}{\dfrac{1}{2}\rho w^2 c} \\[4mm] C_D = \dfrac{F_D}{\dfrac{1}{2}\rho w^2 c} \end{cases} \tag{2.1}$$

式中，C_L 为升力系数；C_D 为阻力系数；F_L 为升力；F_D 为阻力；ρ 为海水密度；c 为翼型弦长。但随着计算流体力学和计算机技术的发展，翼型的升阻力系数也可以通过数值仿真的方法得到，如 ANSYS、Fluent 等软件。

为了提高叶轮的能量捕获效率，在设计叶片结构时，往往优先选择高升阻比的翼型。同样，对于同一个翼型，在设计叶片时，也往往使其额定工作点位于最大升阻比对应的攻角附近。图 2.2 为 NACA 63421 翼型在雷诺数为 6×10^6 时的升阻力系数特性，其较优的攻角范围为 $0°\sim15°$。

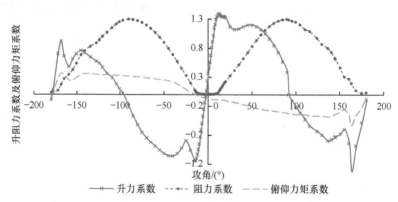

图 2.2　NACA 63421 翼型攻角-升阻力系数关系(雷诺数=6×10^6)

现有海流能发电机组的翼型大多仍沿用航空翼型或风电机组翼型，如美国国家航空咨询委员会的 NACA 系列翼型、美国国家可再生能源实验室的 S 系列翼型、丹麦 Risø 国家实验室的 Risø 系列翼型等。但由于海流能发电机组叶片除了高效性问题，还存在重轴向力、气蚀等特点，也有专门机构从事海流能发电机组翼型的研究[3-6]。

2.1.2　翼型优化设计

随着海流能发电机组的产业化示范，叶片强度及成本问题越来越突出。尤其是单机功率的增大使得叶片长度越来越长，由流剪切引起的叶片损坏时有发生。如果为了提升叶片的强度，一味地增加叶片的铺层数，势必会带来叶片重量和成本的增加。因此，有必要寻求一种设计方法，从所用翼型的角度出发，优化翼型结构，在不降低翼型水动力性能的前提下提高翼型的机械结构性能。

本节基于常用的 NACA 63421 翼型和 NACA 63430 翼型，对提高翼型结构性能的优化设计方法进行介绍。仿真及实海况试验已经表明这两款翼型具有较优的水动力性能，故优化的重点是在保证这一优点的前提下，通过对翼型结构的优化提高其机械结构性能(这里主要是与叶片拍打方向载荷相关的抗弯强度及翼型截面惯性矩，它也是叶片破坏的常见原因)，因此翼型优化是一个多目标优化问题，目标为使翼型同时具有较优的水动力性能和较强的结构抗弯能力。

这里的翼型优化过程是：首先进行翼型的参数化；然后给出翼型水动力性能和结构强度这两个目标函数，使用多目标优化方法对翼型进行优化[7]；最后通过有关软件对优化后的翼型水动力性能和结构强度进行分析验证。

1. 翼型的参数化

翼型的参数化是对翼型进行优化的数学基础，优化过程与目标函数的求解都是在参数化的基础上展开的。

参数化是将翼型曲线分解为四条首尾相连的三阶贝塞尔曲线，这些曲线依次为从后缘到吸力面的顶点、从吸力面的顶点到前缘、从前缘到压力面的顶点、从压力面的顶点回到后缘。翼型曲线应按照从后缘—吸力面—前缘—压力面—后缘的顺序分割，以便于后续计算分析软件正确识别该翼型曲线。

每一条曲线都由一条三阶贝塞尔曲线来拟合，因此需要四个控制点，相邻的两条贝塞尔曲线合用一个控制点，如图 2.3 所示。三阶贝塞尔曲线的参数化方程为

$$B(t) = P_i(1-t)^3 + 3P_{i+1}t(1-t)^2 + 3P_{i+2}t^2(1-t) + P_{i+3}t^3, \quad t \in [0,1] \tag{2.2}$$

式中，P_i 为多项式系数；t 为归一化后的翼型横坐标。

传统的 NACA 63421 翼型和 NACA 63430 翼型都有一个锋利的后缘，锋利的后缘会带来两个问题，一个是叶片的加工难度增大，另一个是会影响叶片的局部强度，所以这里对翼型的后缘做钝化处理，改善叶片结构的工艺性，如图 2.4 所示。

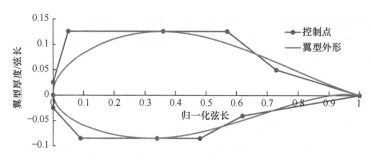

图 2.3　采用贝塞尔曲线拟合翼型轮廓

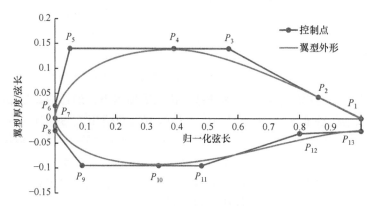

图 2.4　修正后的翼型控制点

从图 2.4 可以看出，钝化处理之后，描述一个翼型共需要 13 个控制点，每个控制点有 x、y 两个坐标参数，因此共需要 26 个参数。在多目标遗传算法中，越多的优化参数意味着越高的问题复杂度，会导致所需的种群大小和优化代数增加，从而导致计算时间大大增加。因此，需要尽可能对参数进行简化。由于受翼型水动力性能的约束，翼型曲线相接的地方(在 P_4、P_7 和 P_{10} 处)必须是一阶连续的，也就是说这些点两侧的一阶导数相等，即

$$f'(x_{0+}) = f'(x_{0-}) \tag{2.3}$$

以吸力面的顶点 P_4 为例，用方程(2.2)描述 P_4 两侧的两条曲线 P_1P_4 和 P_4P_7，其表达式为

$$B_1(t) = P_1(1-t)^3 + 3P_2t(1-t)^2 + 3P_3t^2(1-t) + P_4t^3 \tag{2.4}$$

$$B_2(t) = P_4(1-t)^3 + 3P_5t(1-t)^2 + 3P_6t^2(1-t) + P_7t^3 \tag{2.5}$$

点 P_4 两侧的一阶导数为

$$f'(x_{0+}) = \left. \frac{\mathrm{d}B_1(t)}{\mathrm{d}t} \right|_{t=1} = 3P_4 - 3P_3 \tag{2.6}$$

$$f'(x_{0-}) = \frac{\mathrm{d}B_2(t)}{\mathrm{d}t}\bigg|_{t=0} = 3P_5 - 3P_4 \tag{2.7}$$

又因为 P_4 定义为吸力面的顶点，其一阶导数为 0，所以式(2.6)和式(2.7)相等，且其值都等于 0，从而可知点 P_3、P_4 和 P_5 具有相同的纵坐标。类似地，可知点 P_6、P_7 和 P_8 具有相同的横坐标，点 P_9、P_{10} 和 P_{11} 具有相同的纵坐标。通常将翼型的弦长设定为单位长度，即前缘横坐标设为 0，后缘横坐标设为 1。

经过这些简化，描述一个翼型所需要的参数从 26 个减少到 16 个，翼型的参数化完成。

2. 优化过程中的目标函数

如前所述，优化的目的是在保持原有翼型水动力性能的基础上，提升翼型的机械结构性能，因此需要两个具体的参数指标来表征其水动力性能和结构性能(这里主要针对翼型的抗弯能力)，以及两个目标函数来定量描述这两个参数指标。

本书选取翼型的最大升阻比来描述翼型的水动力性能，并将其作为优化的第一个目标，因为对于一台变速运行的海流能发电机组，经过合理设计的叶片，理论上可以通过发电机转速控制使得叶轮在低于额定流速时运行在最大能量捕获点附近，也就是说叶片上的每一个叶素都工作在最佳攻角下，此时翼型的升阻比取到最大值。

为了获取翼型的水动力性能，可以采用一些现有的成熟商业软件或代码。基于计算流体力学(computational fluid dynamics, CFD)的数值仿真方法是预测翼型最大升阻比的常用方法，但这类仿真比较耗时，对于像遗传算法这样的大规模搜索的场合是不合适的，所以这里采用 Xfoil 软件来求解翼型的升阻力系数。Xfoil 是一款由美国麻省理工学院开发的专门用于计算二维翼型性能的软件，这款软件采用涡格法，在预测翼型升阻比方面具有计算速度快、结果相对准确等优点，但其缺点是无法计算大攻角时的翼型特性。Batten 等[8]比较了使用 Xfoil 软件预测翼型水动力特性和水槽试验的结果，发现具有很好的精度，如图 2.5 所示。

此外，由于多目标遗传算法需要调用 MATLAB 优化工具箱，Xfoil 和 MATLAB 的软件接口也是必要的，接口代码可以在有关的网络文献中找到。

翼型优化的第二个目标是提升翼型的抗弯能力，即提高翼型的抗弯截面系数和抗弯刚度。事实上这里关心的是叶片结构抵抗重轴向载荷的能力，它与叶片的抗弯截面系数和材料强度有关。根据材料力学知识，最大弯曲正应力 σ 与弯矩 M 成正比，与抗弯截面系数 W 成反比：

$$\sigma = \frac{M}{W} = \frac{My_{\max}}{I} \leqslant [\sigma]_{\mathrm{p}} \tag{2.8}$$

式中，$[\sigma]_{\mathrm{p}}$ 为对应材料的许用应力。

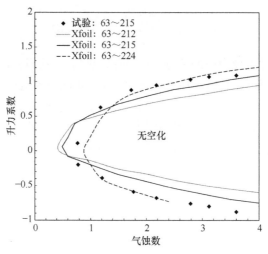

图 2.5　Xfoil 预测结果与试验数据对比[8]

由式(2.8)可以看出，抗弯截面系数 W 综合反映了截面的形状与尺寸对弯曲正应力的影响，定义为惯性矩 I 除以截面上的点到中性轴的最大距离 $y_{\max}$。同时，不希望叶片太柔软而影响叶片的水动力特性，所以希望叶片也具有较好的抗弯刚度。抗弯刚度定义为材料的弹性模量与叶片横截面(也就是翼型)的惯性矩 I 的乘积，由于弹性模量是材料的固有属性，叶片材料一旦确定，弹性模量也就确定了，所以可以说叶片截面的抗弯刚度只和截面翼型的惯性矩有关。总结起来，截面的惯性矩会影响其抗弯强度和抗弯刚度，这也是翼型结构优化的理论依据，所以这里将截面惯性矩作为翼型结构强度优化的第二个参数指标。

作用在叶片截面上的弯矩可以分解到截面的主惯性轴方向，在主惯性轴的两个方向上分别计算抗弯刚度。对于任意一个截面，要计算主惯性轴的方向和对应的主惯性矩，首先需要计算截面的形心位置，然后计算通过形心的一对轴的惯性矩和惯性积，最后通过转轴公式计算截面的主惯性矩[9]。由于所要讨论的抽象翼型是不具有厚度的壳体，可以将形心的二重积分简化为定积分，截面的形心位置坐标可以用如下公式计算：

$$x_{\mathrm{c}} = \frac{\iint_D x \mathrm{d}x \mathrm{d}y}{\iint_D \mathrm{d}x \mathrm{d}y} = \frac{\int_L x \mathrm{d}l}{L} \tag{2.9}$$

$$y_{\mathrm{c}} = \frac{\iint_D y \mathrm{d}x \mathrm{d}y}{\iint_D \mathrm{d}x \mathrm{d}y} = \frac{\int_L y \mathrm{d}l}{L} \tag{2.10}$$

式中，x_c 为形心的横坐标；y_c 为形心的纵坐标；dl 为线微元；L 为翼型的周长。

　　实际在数值计算中，翼型通常采用一系列离散点来描述，因此需要对上述计算公式进行离散化。以相邻离散点之间的直线段来逼近实际的翼型曲线，翼型轮廓线上第 i 条线段的两个端点的坐标分别为 (x_i, y_i) 和 (x_{i+1}, y_{i+1})，斜率系数为 k_i，则两点之间的直线段可用斜截式表示(编写程序时需要考虑斜率无穷大的情况)：

$$y = k_i x + b_i \tag{2.11}$$

$$k_i = \frac{y_{i+1} - y_i}{x_{i+1} - x_i} \tag{2.12}$$

$$b_i = y_i - k_i x_i \tag{2.13}$$

用和式来表示积分，则形心的计算公式可以转换为

$$x_c = \frac{\displaystyle\sum_{i=1}^{n} \int_{x_i}^{x_{i+1}} x\sqrt{1 + k_i^2}\, dx}{\displaystyle\sum_{i=1}^{n} \int_{x_i}^{x_{i+1}} \sqrt{1 + k_i^2}\, dx} \tag{2.14}$$

$$y_c = \frac{\displaystyle\sum_{i=1}^{n} \int_{x_i}^{x_{i+1}} (k_i x + b_i)\sqrt{1 + k_i^2}\, dx}{\displaystyle\sum_{i=1}^{n} \int_{x_i}^{x_{i+1}} \sqrt{1 + k_i^2}\, dx} \tag{2.15}$$

　　计算得到翼型截面的形心后，将坐标系平移到形心 (x_c, y_c) 处，则翼型上各点的坐标 (x_i', y_i') 表示如下：

$$x_i' = x_i - x_c \tag{2.16}$$

$$y_i' = y_i - y_c \tag{2.17}$$

　　平移后，计算翼型截面对 x 轴、y 轴的惯性矩和惯性积。

$$I_x = \int_A y'^2 dA = \sum_{i=1}^{n} \int_{x_i'}^{x_{i+1}'} (k_i x' + b_i)^2 \sqrt{1 + k_i^2}\, \delta dx' \tag{2.18}$$

$$I_y = \int_A x'^2 dA = \sum_{i=1}^{n} \int_{x_i'}^{x_{i+1}'} x'^2 \sqrt{1 + k_i^2}\, \delta dx' \tag{2.19}$$

$$I_{xy} = \int_A x'y' dA = \sum_{i=1}^{n} \int_{x_i'}^{x_{i+1}'} x'(k_i x' + b_i)\sqrt{1 + k_i^2}\, \delta dx' \tag{2.20}$$

式中，I_x 为截面对 x 轴的惯性矩；I_y 为截面对 y 轴的惯性矩；I_{xy} 为截面对 x 轴、y 轴的惯性积；δ 为翼型壳体的厚度，在数值计算中取单位厚度。

　　根据转轴公式，截面的主惯性矩可以通过如下公式计算[10]：

$$I_{xp} = \frac{I_x + I_y}{2} + \frac{I_x - I_y}{2}\cos(2\alpha) - I_{xy}\sin(2\alpha) \tag{2.21}$$

$$I_{yp} = \frac{I_x + I_y}{2} - \frac{I_x - I_y}{2}\cos(2\alpha) + I_{xy}\sin(2\alpha) \tag{2.22}$$

$$\tan(2\alpha_{zg}) = \frac{-2I_{xy}}{I_x - I_y} \tag{2.23}$$

式中，I_{xp}、I_{yp} 为截面主惯性矩；α 为 xOy 坐标系与 $x_0 O y_0$ 坐标系的夹角；α_{zg} 为从 x 轴到主惯性轴 x_p 的初始角度。

　　根据上述算法，以弦长为单位长度的 NACA 63421 翼型为例，计算得到翼型截面的主惯性矩为 $I_{xp}=0.0112$，$I_{yp}=0.1825$，形心位于 $(0.4877, 0.0165)$ 处，主惯性轴 y_p 与弦长方向垂直，如图 2.6 所示，在图中主惯性矩以矢量表示，矢量的长度代表惯性矩的大小。

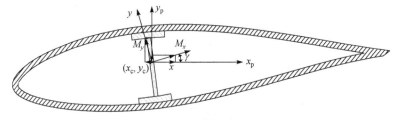

图 2.6　翼型上的载荷与主惯性矩

　　这里主要讨论叶片挥舞方向的弯矩载荷 M_x，它是翼型截面的主要载荷，与惯性轴 x_p 的夹角 γ 就是叶素的扭角，弯矩载荷 M_y 是驱动叶轮旋转的水动载荷，其方向与弯矩载荷 M_x 垂直。这两个弯矩载荷在惯性轴 x_p 和 y_p 上的分量分别为 $M_y\sin\gamma - M_x\cos\gamma$ 和 $M_y\cos\gamma + M_x\sin\gamma$，通常 γ 是一个较小的角度，与此同时，M_x 大于 M_y，I_{xp} 又远小于 I_{yp}。也就是说，翼型截面上抗弯性能弱且刚度小的 I_{xp} 方向承受了较大的载荷，因此以 I_{xp} 的值作为翼型抗弯强度与刚度的目标函数。

3. 基于多目标遗传算法的翼型优化

　　在翼型的参数化章节中，确定了 16 个参数来描述一个翼型，而这 16 个参数也就是需要优化的 16 个决策变量，通过优化，改善翼型的抗弯性能，同时保证其具有较好的水动力性能。

　　本节采用 NSGA-Ⅱ多目标遗传算法，对控制个体形状的 16 个变量(这里也称为基因)进行优化，由于决策变量数量较多，选定算法的种群个体规模为 200 个。

　　在遗传算法执行前，需要为算法指定合理的搜索空间，大的搜索空间有更大的可能性包含所需要的最优解，但其所需要的计算成本也相应增加。另外，搜索空间的指定也与所使用的求解器 Xfoil 的特性有关，Xfoil 在求解形状接近传统翼型的截面的升阻力系数时具有较好的收敛性能和准确性。给出合理的搜索空间后，遗传算法产生的翼型会被约束在搜索空间内，并保证其外形与传统翼型接近，从而顺利求解。图 2.7 和图 2.8 分别为 NACA 63421 翼型和 NACA 63430 翼型优化时所采用的搜索空间，在此类图中，翼型坐标点(x, y)分别用相对于弦长 c 的比值来表示。

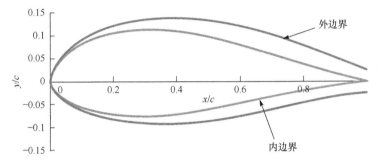

图 2.7　对 NACA 63421 翼型优化时的搜索空间

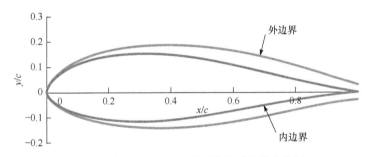

图 2.8　对 NACA 63430 翼型优化时的搜索空间

　　算法在给定的搜索范围内，随机生成 200 个个体，也就是一个 200×16 的矩阵，矩阵每一行代表一个个体，每个个体包含 16 个基因，这些个体称为初代种群。初代种群形成后，算法通过式(2.2)根据决策变量(也就是贝塞尔曲线的控制点坐标)，计算得到翼型曲线的坐标矩阵。算法调用两个目标函数，对每个个体进行评价。首先调用 Xfoil 软件，计算翼型在–5°～20°攻角区间内的升力系数和阻力系数，再由升力系数和阻力系数计算得到翼型在各个攻角下的升阻比，并找到升阻比最大的值作为翼型水动力性能的指标。然后调用 I_{x0} 的相关算子，通过式(2.9)～式(2.22)计算 I_{xp} 作为翼型抗弯强度的指标。

　　算法进行过程中，选择在监视器上显示每一代种群的帕累托(Pareto)前沿，可以通过帕累托前沿的移动，直观地看到算法的搜索方向以及种群的多样性情况。图 2.9 为对 NACA 63421 翼型进行优化时最后一代种群的帕累托前沿。

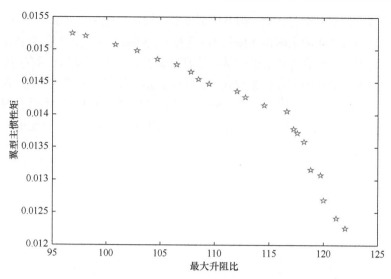

图 2.9　翼型多目标遗传算法的帕累托前沿

图 2.10 为帕累托前沿上每一个非支配解所对应的翼型形状，以及这些非支配解在搜索空间中的分布情况，从中可以看出种群具有良好的多样性，算法没有陷入局部最优解。

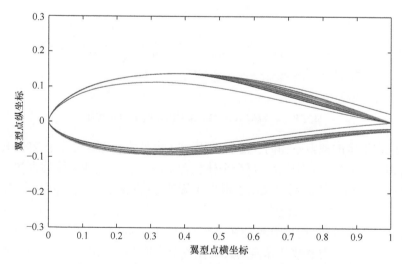

图 2.10　帕累托前沿对应的翼型在搜索空间中的分布

4. 翼型优化结果

算法终止后，输出最后一代种群的非支配解集，需要由决策者从中选择出需要的解。根据预定的优化目标，从非支配解集中选择最大升阻比与原翼型相同且强度提升最大的解作为最优解，结果见表 2.1。Xfoil 预测 NACA 63421 翼型的最大升阻比为 106.1，计算得到其强度指标 I_{xp}=0.0112m³，以 NACA 63421 翼型为基础优化而来的翼型命名为 zju23 翼型，预测其最大升阻比为 106.1，计算得到其强度指标 I_{xp}=0.01479m³，在最大升阻比相同的情况下，其强度较原翼型有了 32.1% 的提升。Xfoil 预测 NACA 63430 翼型的最大升阻比为 75.5，计算得到强度指标 I_{xp}=0.0232m³，以 NACA 63430 翼型为基础优化而来的翼型命名为 zju33 翼型，预测其最大升阻比为 75.6，计算得到其强度指标 I_{xp}=0.03211m³，在最大升阻比稍高的情况下，其强度较原翼型有了 38.4% 的提升。两种新翼型 zju23 和 zju33 命名规则的依据是翼型的相对厚度，两者的最大厚度分别是弦长的 23% 和 33%。

表 2.1　原翼型与优化后翼型的对比

翼型参数	翼型名称			
	NACA 63421	zju23	NACA 63430	zju33
I_{xp}/m³	0.0112	0.01479	0.0232	0.03211
最大升阻比	106.1	106.1	75.5	75.6

新翼型强度的提升得益于相对厚度的增加以及后缘的钝化(图 2.11 和图 2.12)，而其压力面与吸力面的翼型曲线则保证了它们依旧具有良好的水动力性能。

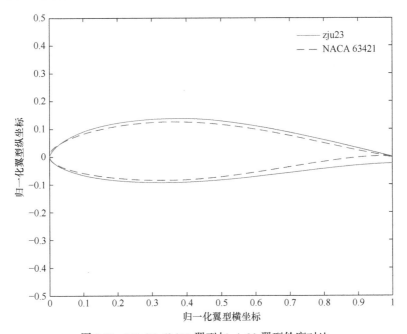

图 2.11　NACA 63421 翼型与 zju23 翼型轮廓对比

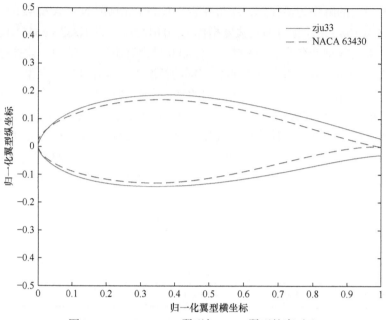

图 2.12　NACA 63430 翼型与 zju33 翼型轮廓对比

　　图 2.13 和图 2.14 分别是优化后的翼型与原翼型的升阻力特性。从图中可以看出，新老翼型的最大升阻比均位于 7°攻角处，通过对比发现，新翼型在小攻角范

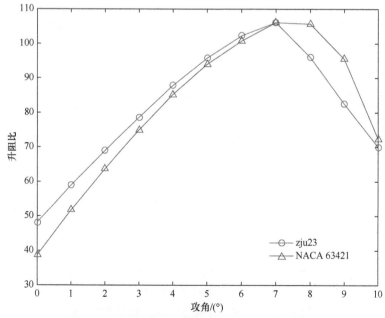

图 2.13　NACA 63421 翼型与 zju23 的升阻比特性

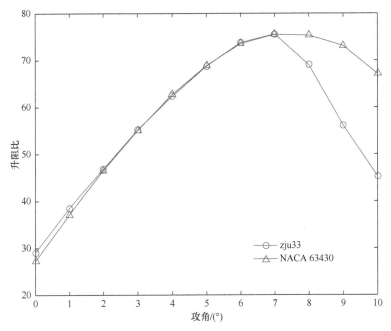

图 2.14　NACA 63430 翼型与 zju33 的升阻比特性

围内具有比原 NACA 634××翼型更高的升阻比，但原 NACA 634××翼型具有较宽的高升阻比工作范围，这也是后期需要继续进行翼型优化研究的内容。

　　同样，通过本章提供的多目标遗传算法，如果确立其他性能指标要求的目标函数，也可以得到满足该性能要求的翼型结构。

2.1.3　翼型空化特性

　　空化特性是翼型应用在水下透平机械中经常碰到的问题。当海水与翼型存在相对运动时，翼型表面的压力分布是不同的，当翼型表面的局部压力降低到海水的饱和蒸汽压以下时，气体就会从海水中析出，形成小的空泡，这种现象就称为空化。

　　翼型不发生空化的条件是 $-c_{pres} < \sigma_{cav}$，其中

$$\sigma_{cav} = \frac{P_\infty - P_V}{\frac{1}{2}\rho v_\infty^2}$$

$$c_{pres} = \frac{P_L - P_\infty}{\frac{1}{2}\rho v_\infty^2}$$

式中，σ_{cav} 为空化数，用来描述空化状态的无量纲参数；P_∞ 为海水远场压力；P_V

为在环境温度下的海水饱和蒸汽压；ρ 为海水密度；c_{pres} 为翼型表面的压力系数，可以使用 CFD、Xfoil 等软件获得；v_∞ 为海水来流流速；P_L 为局部点的静压力。

空化现象对叶轮有着不利的影响，主要体现在以下两方面：一方面是当翼型表面的局部压力回升到饱和蒸汽压以上时，空泡在压力作用下溃灭，会形成微射流，造成叶片表面材料剥离，这种现象称为气蚀，气蚀对叶片的结构及可靠性有较大的影响，如同船舶螺旋桨的气蚀破坏；另一方面是当空化产生时，翼型的升力下降，从而导致叶轮的能量捕获效率降低或机组运行不稳定。

对于海流能发电机组的叶轮，容易发生空化的危险区域是接近海面时叶尖的吸力面靠近前缘处。所以在进行叶片设计时，翼型的选择需要根据叶尖的最小浸没深度、叶轮转速、翼型攻角等参数进行空化校核，确保危险区域不会有空化现象发生。必要时需要通过变桨控制或叶轮转速控制等方法，避免严重空化现象的发生。

2.2　叶片设计基本理论

2.2.1　叶素动量理论

1. 叶素理论

在叶素理论中，将叶轮扫截面内的流场划分为一系列微圆环，相应的叶轮上的叶片也被划分为一系列的微段，称为叶素，叶素的厚度为 dr，与微圆环的宽度相同。叶素与微圆环一一对应，每一个叶素只与其相对应的微圆环的流体发生相互作用，叶素之间相互独立。

叶素在流场中所受的力只和雷诺数及翼型攻角有关，叶素所受的力本质上来源于叶素表面流体压力的合力，如图 2.15 所示，该合力对翼型的作用力分解为两个方向，即沿来流方向的阻力和垂直于来流方向的升力：

$$dF_L = \frac{1}{2}\rho w^2 c C_L dr \tag{2.24}$$

$$dF_D = \frac{1}{2}\rho w^2 c C_D dr \tag{2.25}$$

式中，dF_L 为升力的微分；w 为相对流速；c 为叶素的弦长；C_L 为升力系数；dF_D 为阻力的微分；C_D 为阻力系数；r 为该翼型所在的叶轮半径位置。

将升力 F_L 和阻力 F_D 投影到叶轮的轴向和切向，就可以得到叶素理论下的叶轮轴向力 F_a 和叶轮转矩 T_b，其表达式如下：

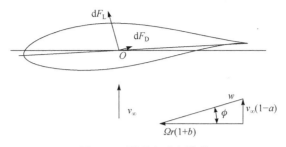

图 2.15　翼型水动力模型

$$\mathrm{d}F_{a} = \frac{1}{2}N\rho w^{2}c(C_{L}\cos\phi + C_{D}\sin\phi)\mathrm{d}r \tag{2.26}$$

$$\mathrm{d}T_{b} = \frac{1}{2}N\rho w^{2}c(C_{L}\sin\phi - C_{D}\cos\phi)r\mathrm{d}r \tag{2.27}$$

式中，N 为叶片数；ϕ 为入流角，定义为相对流速方向与叶轮工作面的夹角，其表达式如下：

$$\phi = \arctan\left(\frac{v_{\infty}(1-a)}{\Omega r(1+b)}\right) \tag{2.28}$$

这里，a 为轴向速度诱导因子；b 为切向速度诱导因子；Ω 为叶轮的角速度。

轴向速度诱导因子 a 的物理意义是远处来流受叶轮反作用力而在叶轮处的速度变化，其表达式如下：

$$a = \frac{v_{\infty} - v_{d}}{v_{\infty}} \tag{2.29}$$

式中，v_{∞} 为叶轮前方远场来流速度；v_{d} 为叶轮处的轴向流速。

切向速度诱导因子 b 的物理意义是由于叶片与水流的相互作用，引起了水流沿与叶轮线速度方向相反的相对流动，即流动速度与该处叶片线速度之比：

$$b = \frac{v'}{2\Omega r} \tag{2.30}$$

式中，v' 是水流在固定坐标系下的切向流速。

综上分析，式(2.26)和式(2.27)给出了一种基于叶素理论的叶轮轴向力和叶轮转矩的表达式，且它们都是轴向速度诱导因子 a 和切向速度诱导因子 b 的函数。

2. 动量理论

动量理论包括轴向动量理论和角动量理论。通过轴向动量理论和角动量理论，也可得到一组叶轮轴向力和叶轮转矩的表达式，从而为叶片的水动力结构设计提供另一个理论基础。

在推导中，在对结果没有显著影响的前提下，做了如下假设：

(1) 将叶轮看成一个整体的"作动盘",并将叶轮周围的流场环境简化为一个流管,流管内外的流场不发生相互作用。

(2) 忽略水流在叶轮面内的径向运动。

(3) 假设海水不可压缩。

(4) 流场连续,流体减速后流管膨胀以保持质量流处处相等。

(5) 远处来流和尾流的压力与环境压力相等。

(6) 流场水平流动,忽略伯努利方程中的重力势能项。

叶轮流管模型如图 2.16 所示。

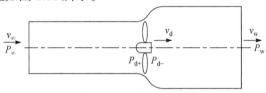

图 2.16　叶轮流管模型

首先,叶轮盘上游和下游均满足伯努利方程:

$$P_\infty + \frac{1}{2}\rho v_\infty^2 = P_{d+} + \frac{1}{2}\rho v_d^2 \tag{2.31}$$

$$P_{d-} + \frac{1}{2}\rho v_d^2 = P_w + \frac{1}{2}\rho v_w^2 \tag{2.32}$$

式中,P_∞ 为远场来流压力;P_{d+} 为作动盘上游紧邻处的压力;P_{d-} 为作动盘下游紧邻处的压力;P_w 为尾部远场压力;v_w 为尾部远场流速。

流管中的流体微元穿过作动盘,并以压力降的形式将自身的能量传递给作动盘,作动盘两边的压力差使其受到一个轴向推力,即

$$F_a = A_d(P_{d+} - P_{d-}) = \frac{1}{2}A_d\rho(v_\infty^2 - v_w^2) \tag{2.33}$$

式中,F_a 为轴向推力;A_d 为作动盘面积。

其次,根据动量理论,流体与作动盘之间相互作用力的大小等于流体动量的变化率,即

$$F_a = v_\infty(\rho A_\infty v_\infty) - v_w(\rho A_w v_w) \tag{2.34}$$

式中,A_w 是叶轮后方流管直径;A_∞ 为叶轮流管模型内前方无穷远处的截面积;v_∞ 为该无穷远截面处的流速。

再结合流管内的流体连续性方程

$$\rho A_\infty v_\infty = \rho A_w v_w = \rho A_d v_d \tag{2.35}$$

可得

$$F_a = \rho A_d v_d(v_\infty - v_w) \tag{2.36}$$

综上，联立式(2.33)和式(2.36)，可得来流远场、作动盘处及尾流远场之间的流速关系：

$$v_d = \frac{v_\infty + v_w}{2} \tag{2.37}$$

根据式(2.29)可以用轴向速度诱导因子来表示各处的流速，即

$$v_d = v_\infty(1-a) \tag{2.38}$$

$$v_w = v_\infty(1-2a) \tag{2.39}$$

将式(2.38)和式(2.39)代入式(2.36)，可得动量理论下的轴向力公式：

$$F_a = \frac{1}{2}\rho A_d v_\infty^2 4a(1-a) \tag{2.40}$$

将式(2.40)改写成片条理论对应的微分形式：

$$dF_a = \frac{1}{2}\rho 2\pi r dr v_\infty^2 4a(1-a) \tag{2.41}$$

实际叶轮的运行中，叶轮对流体的反作用力使得尾流中存在一个切向的速度分量，与叶轮的转动方向相反，所以引入角动量理论。与轴向动量理论类似，角动量理论可以表述为：流体作用在叶轮上产生的力矩等于流体角动量的变化率，并假设初始切向流速为零，可得

$$dT_b = 2\pi r dr v_\infty(1-a)\rho v' \tag{2.42}$$

式中，dT_b 为圆环内叶轮所受的转矩。

将式(2.30)代入式(2.42)，得到转矩与两个速度诱导因子的关系：

$$dT_b = 4\pi r dr v_\infty(1-a)b\rho r^2 \Omega \tag{2.43}$$

式中，Ω 为叶轮转速。

至此，就得到了动量理论下的叶轮轴向力表达式(2.41)和叶轮转矩表达式(2.43)，同样它们也都是轴向速度诱导因子 a 和切向速度诱导因子 b 的函数。将这两个表达式与式(2.26)和式(2.27)对应的叶素理论下的叶轮轴向力和叶轮转矩表达式联立，即可求得两个速度诱导因子。

3. 叶轮能量捕获 Betz 理论

在 Betz 理论中，从理论分析的角度推导出了机组叶轮从叶轮扫截面内的水流动能中所能捕获的最大功率。

叶轮所捕获的功率 P 等于流管内流经叶轮的水流的动能变化率，即

$$P = \frac{1}{2}\rho A_d(v_\infty^2 - v_w^2)v_d \tag{2.44}$$

将式(2.38)和式(2.39)代入式(2.44)，可得

$$P = \frac{1}{2}\rho A_{\mathrm{d}} v_\infty^3 4a(1-a)^2 \tag{2.45}$$

定义 $C_{\mathrm{p}} = 4a(1-a)^2$ 为叶轮的能量捕获效率。

通过 C_{p} 对 a 求导,可以得到 C_{p} 的最大值,即叶轮所能捕获的最大功率:

$$\frac{\mathrm{d}C_{\mathrm{p}}}{\mathrm{d}a} = 4(3a-1)(a-1) = 0 \tag{2.46}$$

当 $a=1/3$ 时,功率系数取得极大值,$C_{\mathrm{pmax}}=16/27$,这个值称为贝兹极限,是叶轮在理论上能达到的最大功率系数。

2.2.2 叶尖及叶根能量损失理论

在推导动量理论的过程中,为了简化模型,引入了一个假设,即忽略了流体的径向运动。然而,在叶尖附近,由于叶片的压力面和吸力面存在压力差,此处的流体在压力梯度的作用下,有从高压侧绕过叶尖流向低压侧的趋势。流体在叶尖附近的径向流动使此处叶素所受的升力下降,最终表现为叶轮整体能量捕获效率下降。叶轮上每个叶片叶尖处的径向流从叶尖脱离后会形成一个螺旋形的涡流,这个涡流的存在会影响叶片附近流体的流速,也就是说会影响速度诱导因子,从而造成叶素动量理论预测的偏差,因此需要加以修正。

需要指出的是,之前给出的所有有关叶素动量理论的方程都是基于理论的推导,而对叶尖损失的修正则是研究人员根据试验数据总结出的经验公式。Prandtl给出的叶尖损失因子 F_{tip} 表示为

$$F_{\mathrm{tip}} = \frac{2}{\pi}\arccos\left[\mathrm{e}^{-\frac{N(R-r)\sqrt{1+\lambda^2}}{2R}} \right] \tag{2.47}$$

式中, $\lambda = \dfrac{\Omega R}{v_\infty(1-a)}$ 为叶尖速比。

得到叶尖损失因子后,就可以用来对动量理论的预测进行修正,也就是将其施加在式(2.41)和式(2.43)上,从而得到如下方程:

$$\mathrm{d}F_{\mathrm{a}} = \frac{1}{2}\rho 2\pi r \mathrm{d}r v_\infty^2 4 F_{\mathrm{tip}} a(1-a) \tag{2.48}$$

$$\mathrm{d}T_{\mathrm{b}} = 4\pi r \mathrm{d}r v_\infty(1-a) F_{\mathrm{tip}} b\rho r^2 \Omega \tag{2.49}$$

之后又有许多研究者提出了新的叶尖损失因子方案,这些方案一般都是在Prandtl 的方案上进行的一些改进,例如,Glauert 在其有关飞机螺旋桨的著作中提出的叶尖损失因子如式(2.50)所示,其对动量理论方程的修正方法也与 Prandtl 的方案相同。

$$F_{\text{tipG}} = \frac{2}{\pi}\arccos\left[\mathrm{e}^{-\frac{N(R-r)}{2r\sin\phi}}\right] \tag{2.50}$$

式中，ϕ 为入流角；N 为叶片数。

虽然被广泛应用，但是 Prandtl 与 Glauert 的叶尖损失修正方法在叶尖处存在一个奇点，当叶素半径趋向于叶轮半径时，叶尖损失修正因子趋向于零，即

$$\lim_{r\to R} F_{\text{tipG}}(r) = 0 \tag{2.51}$$

若将式(2.51)代入式(2.48)和式(2.49)，则叶尖处的推力和转矩均为零，从而可以推导出叶尖处的流场流速也为零，这是与实际经验不符的。

Wilson 和 Lissaman 对 Glauert 的叶尖损失做了进一步的改进，保留了方程(2.48)中对切向速度诱导因子的修正，而将轴向速度诱导因子的修正修改为如下形式：

$$\mathrm{d}F_{\text{a}} = \frac{1}{2}\rho 2\pi r\mathrm{d}r v_{\infty}^2 4F_{\text{tipG}}a(1-F_{\text{tipG}}a) \tag{2.52}$$

Wilson 和 Lissaman 的方案增加了对流体质量流的修正，但这种叶尖损失修正方法也没有解决 Glauert 方案中的奇点问题，没有从理论上解释为什么对动量理论公式中的质量流进行修正的同时，不对叶素理论公式中的质量流进行修正。因此，Wilson 和 Lissaman 的修正方案也不具有完备性。

Shen 等为了解决叶尖损失的奇点问题，提出了修正的叶尖损失因子 F_{tipS}，在保留了 Wilson 和 Lissaman 对动量理论公式修正的基础上，应用该修正因子对叶素理论进行了修正[11]：

$$F_{\text{tipS}} = \frac{2}{\pi}\arccos\left[\mathrm{e}^{-g\frac{N(R-r)}{2R\sin\phi}}\right] \tag{2.53}$$

式中，$g = \mathrm{e}^{-c_1(N\lambda-c_2)}$；$c_1$ 和 c_2 为待求系数，根据试验获取；N 为叶片数；λ 为叶尖速比。

叶根损失(又称轮毂损失)产生的原理与叶尖损失相同，它是由 Moriarty 等提出的，并用如下方程表示[12]：

$$F_{\text{hub}} = \frac{2}{\pi}\arccos(\mathrm{e}^f) \tag{2.54}$$

式中，$f = -\dfrac{(N/2)(r-R_{\text{hub}})}{r\sin\phi}$，$R_{\text{hub}}$ 为轮毂半径。

叶根损失因子和叶尖损失因子具有相同的性质且可同时使用，故这里将它们定义为一个综合损失因子，即

$$F = F_{\text{tip}}F_{\text{hub}} \tag{2.55}$$

2.3　海流能发电机组叶片水动力设计

叶片的水动力设计是指设计出叶片合理的弦长、扭角分布，以达到期望的水动力性能。叶片的水动力结构设计既可以基于前述的叶素动量理论，也可以运用其他一些设计方法，下面分别进行论述。

2.3.1　基于叶素动量理论的设计方法

常用的基于叶素动量理论的设计方法包括 Schmitz 法、Glauert 法、Wilson 法等，这些方法一般都以叶轮的最大能量捕获为设计目标，根据叶素动量理论推导出叶片的弦长和扭角分布，其优点是计算量小，缺点是一般只能针对单一工况进行设计，且只能给出针对该工况的近似最优解，下面分别对其进行介绍。

Schmitz 法以翼型的最佳升阻比为约束来选定设计攻角，此时叶片的能量捕获效率最高，并在计算弦长分布时，忽略阻力的影响。

Schmitz 法得到的弦长 c、扭角 β 如下面两式所示：

$$c(r) = \frac{1}{N}\frac{16\pi r}{C_L}\sin^2\left(\frac{1}{3}\arctan\left(\frac{R}{r\lambda}\right)\right)$$

$$\beta(r) = \frac{2}{3}\arctan\frac{R}{r\lambda} - \alpha$$

式中，β 为扭角；R 为叶轮半径；r 为叶素到叶轮中心线的距离；λ 为叶尖速比；α 为设计攻角；c 为弦长；N 为叶片数；C_L 为所选择翼型的升力系数。

Glauert 法引入了轴向和切向两个速度诱导因子，使模型更加符合尾流有涡流流动的情况。在实际求解过程中，需要对两个速度诱导因子进行迭代计算。Glauert 法描述的弦长 c、扭角 β 表达式如下：

$$c(r) = \frac{8\pi r a}{NC_L(1-a)}\frac{\sin^2\phi}{\cos\phi}$$

$$\beta(r) = \phi - \alpha = \arctan\left(\frac{1-a}{1+b}\frac{1}{\lambda_r}\right) - \alpha$$

式中，a 为轴向速度诱导因子；b 为切向速度诱导因子；ϕ 为入流角；λ_r 为叶素局部叶尖速比。

Wilson 法在 Glauert 法的基础上引入了叶尖损失因子 F_{tip}，修正后的叶片弦长、扭角表达式如下：

$$c(r) = \frac{8\pi r(1-aF_{tip})}{NC_L(1-a)}\frac{\sin^2\phi}{\cos\phi}$$

$$\beta(r) = \phi - \alpha = \arctan\left(\frac{1-a}{1+b}\frac{1}{\lambda_r}\right) - \alpha$$

在实际的应用中，出于叶片加工方便以及成本的考虑，可以牺牲一部分叶片效率，对叶片的弦长进行线性化。线性化后的弦长分布为一条直线，该直线通过原弦长分布在叶轮半径 70% 和 90% 处的点。

2.3.2　基于遗传算法的叶片设计方法

随着海流能发电技术的不断发展及单机功率的不断增大，对叶片性能要求也不断提升，人们不再满足于设计工况下叶轮能量捕获效率最高，而是开始朝着年发电量最大、度电成本最低、高效低载等方向发展，原有的基于叶素动量理论的叶片结构设计法已不能完全满足这些要求。基于其他算法的叶片设计法亟须得到突破，以搜索在设计要求下的叶片结构最优解或近似最优解，如面响应法、梯度法、遗传算法等。本节就以遗传算法为例，介绍其在叶片结构设计中的应用。

如前所述，基于遗传算法的叶片设计过程同样分为三个步骤，即叶片结构参数化、叶片水动力性能预测、基于遗传算法的叶片结构优化。在叶片结构参数化阶段，首先完成叶片结构的参数化或离散化描述，然后基于参数化的结构，对整个叶片的水动力性能进行预测，最后将预测结果与预期设计指标进行对比，并进行叶片结构的优化，经过若干轮的反复迭代，直到叶片结构满足设计指标要求。海流能发电机组叶片优化设计流程如图 2.17 所示。

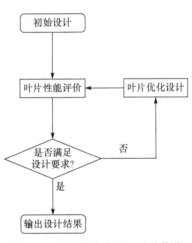

图 2.17　海流能发电机组叶片优化
设计流程

1. 叶片结构参数化

叶片结构参数化是指用参数的方式来描述叶片的特征，从而可以对叶片进行后续的水动力性能预测、优化环节识别和处理，因此叶片结构参数化需要与后续环节相适应。

在用叶素动量理论进行叶片水动力性能预测时，通常把叶片分割成一系列的叶素段，而每个叶素段都可以用一系列特征参数来表示，如叶素在叶轮上的半径、叶素的弦长、叶素的扭角、选用的翼型、叶素上的预弯、变桨轴线的位置、截面刚度、截面线密度等。具体参数类型及参数数量的选择均与叶片的设计目标有关。通常参数化变量越细，叶片水动力性能的计算及分析的精度就会越高，但相应的计算量也越大。

2. 叶片水动力性能预测

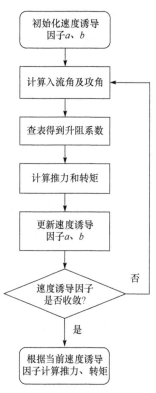

初始化速度诱导
因子a、b

↓

计算入流角及攻角

↓

查表得到升阻系数

↓

计算推力和转矩

↓

更新速度诱导
因子a、b

↓

速度诱导因子
是否收敛? —否→

↓ 是

根据当前速度诱导
因子计算推力、转矩

图 2.18 叶片水动力结构
计算流程

尽管叶素动量理论存在一定的假设,但多年来的工程应用表明该理论可以较好地符合实际机组运行的预期,且该方法具有计算简单、便于理解等优点,所以目前大多数海流能发电机组叶片的水动力性能预测及设计还是采用叶素动量理论或类似的理论。根据前述叶素动量理论相关公式,通过迭代求解,可以有效计算出叶轮在特定工况下的驱动力矩和轴向力,其计算流程如图 2.18 所示。

在运用叶素动量理论进行叶片水动力性能预测的过程中,迭代法以其算法相对简单的优点成为最常被应用的方法,然而这种算法的鲁棒性不强,在偏离叶轮最佳工况时容易出现无法收敛的情况。在迭代法中,将速度诱导因子 a 和 b 视为相互独立的两个参数进行求解,因此是一个二维的优化问题,而事实上这两者均与入流角有关。如果将入流角作为参数进行求解,就可以起到降维的作用,从而大大简化解的搜索难度,提高算法的鲁棒性。这种算法称为换元法。

联立式(2.26)和式(2.41),得到如下方程:

$$\frac{1}{2}\rho 2\pi r \mathrm{d}r v_\infty^2 4Fa(1-a) = N\frac{1}{2}\rho w^2 c(C_L\cos\phi + C_D\sin\phi)\mathrm{d}r$$

(2.56)

根据流速三角形,有如下方程成立:

$$w\sin\phi = v_\infty(1-a)$$

(2.57)

将式(2.57)代入式(2.56),并做适当代数简化,得

$$8\pi rFa\sin^2\phi = Nc(C_L\cos\phi + C_D\sin\phi)(1-a)$$

(2.58)

将式(2.58)改写成轴向速度诱导因子关于入流角的函数:

$$a = \frac{Nc(C_L\cos\phi + C_D\sin\phi)}{Nc(C_L\cos\phi + C_D\sin\phi) + 8\pi rF\sin^2\phi}$$

(2.59)

为了简化表达式,做如下标记:

$$C_x = C_L\cos\phi + C_D\sin\phi$$

(2.60)

$$\sigma_{\mathrm{r}} = \frac{Nc}{2\pi r} \tag{2.61}$$

C_x 为升阻力系数在轴向的投影，σ_{r} 为叶轮的实度。从而式(2.59)可简写为

$$a = \frac{\sigma_{\mathrm{r}} C_x}{4F \sin^2 \phi + \sigma_{\mathrm{r}} C_x} \tag{2.62}$$

同样，联立式(2.27)和式(2.43)，得

$$4F\pi r \mathrm{d}r v_{\infty}(1-a)b\rho r^2 \Omega = N\frac{1}{2}\rho w^2 c(C_{\mathrm{L}} \sin \phi - C_{\mathrm{D}} \cos \phi) r \mathrm{d}r \tag{2.63}$$

根据流速三角形，有

$$w\cos\phi = \Omega r(1+b) \tag{2.64}$$

将式(2.57)和式(2.64)代入式(2.63)，并做适当代数简化，有

$$8\pi r F b \sin \phi \cos \phi = Nc(C_{\mathrm{L}} \sin \phi - C_{\mathrm{D}} \cos \phi)(1+b) \tag{2.65}$$

将式(2.65)改写成切向速度诱导因子关于入流角的函数，有

$$b = \frac{Nc(C_{\mathrm{L}} \sin \phi - C_{\mathrm{D}} \cos \phi)}{8\pi r F \sin \phi \cos \phi - Nc(C_{\mathrm{L}} \sin \phi - C_{\mathrm{D}} \cos \phi)} \tag{2.66}$$

为了简化表达式，做如下标记：

$$C_y = C_{\mathrm{L}} \sin \phi - C_{\mathrm{D}} \cos \phi \tag{2.67}$$

C_y 为升阻力系数在切向的投影，从而式(2.66)可简写为如下形式：

$$b = \frac{\sigma_{\mathrm{r}} C_y}{4F \sin \phi \cos \phi - \sigma_{\mathrm{r}} C_y} \tag{2.68}$$

式(2.62)和式(2.68)将原来的参数 a 和 b 转换为 ϕ，原来的参数则作为中间变量，通过换元的方式起到了降维的作用。

换元法的流程如下：

(1) 构造函数 $f(\phi) = \dfrac{\sin \phi}{1-a} - \dfrac{\cos \phi}{\lambda_{\mathrm{r}}(1+b)}$，其中 $\lambda_{\mathrm{r}} = \dfrac{\Omega r}{v_{\infty}}$ 为局部叶尖速比。

(2) 搜索 $f(\phi) = 0$ 的根。

(3) 根据式(2.48)和式(2.49)计算轴向推力和转矩。

一元式求根有许多现成的优秀算法可以使用，因此换元法相比于普通的构造函数法具有较好的鲁棒性。

计算流体力学方法也可以应用于一般的叶片性能预测，采用计算流体力学的优势在于通过对叶片周围流场的三维仿真，可以考虑水流沿翼展方向的流动，这一点是叶素动量理论所不具备的。同时用数值模拟技术进行叶片的性能仿真，不

需要提前知道各组翼型的升阻比系数，而升阻比系数在运用叶素动量理论求解叶片性能的计算中至关重要。但计算流体力学方法的缺点在于计算结果的准确性很大程度上依赖于模型的精度、网格质量及可行的求解模型等，而且需要消耗大量的计算资源和计算时间，此外它也不宜植入基于大规模搜索的叶片结构优化体系中，所以这里不加以赘述。

3. 基于遗传算法的叶片结构优化

1) 叶片遗传算法设计理论

遗传算法是一种受达尔文进化论思想启发而来的大规模随机搜索方法。在自然界中，物种以种群为最小单位进化，这一过程包含了遗传、杂交、变异和自然选择，最终物种总是能进化到最适应环境的形态。遗传算法模拟了物种进化的过程，得到优化问题的最优解。

对于一个叶片结构的优化问题，遗传算法将可能的叶片结构的集合作为一个待进化的种群，每一种叶片结构就相当于种群中的生物个体，其包含了一个或多个待优化的决策变量即叶片的结构参数如弦长、扭角等，这些结构参数又等同于生物个体体内决定生物形态性状的遗传物质 DNA；在遗传算法中，决策变量首先会经过某种形式的编码，如二进制编码等，二进制字符串中的 0 和 1 就相当于 DNA上的嘌呤和嘧啶，然后经过算子操作生成不同的叶片结构，并通过目标函数对其性能进行评估。

算子操作是遗传算法优化的重要手段，其同样可借鉴生物的进化过程。遗传算法主要有 3 个算子，分别是选择、交叉和变异。选择算子模拟的是自然选择的过程，也就是说具有更好适应性的个体有更大的概率留存下来，并将优化的目标函数作为对单个解的适应性评价，适应性越好的解有越大的概率被保留下来，反之适应性差的解有更大的可能性被淘汰，因此目标函数决定了遗传算法的搜索方向。交叉和变异两个算子模拟了生物繁殖中的杂交和基因突变，交叉使得已经存在的优秀基因有可能继续组合在一起，而变异则能够产生新的基因，两者的共同作用保证了种群的多样性，避免收敛过程过早地在局部最优解收敛。

图 2.19 描述了基于单目标遗传算法的叶片结构优化过程。但在实际设计中，对叶片的性能要求往往是多方面的，如能量捕获效率、结构强度、年发电量等，这就需要对多目标遗传算法的叶片优化设计进行研究。

传统的遗传算法在解决多目标优化问题时，通常只能依靠一个给定的权重向量，将多个目标函数的函数值加权成为一个函数值，从而将问题转化为单目标优化。这种方法的难点往往在于如何找到一组合适的权重向量，因为权重向量的选择会直接影响算法的搜索方向。而采用多目标遗传算法可以避免权重向量选择这一问题。应用多目标遗传算法的叶片结构设计如图 2.20 所示，可见与传统遗传算法最终给出一个"最优解"有所不同，多目标遗传算法最终会给出一个解的集合，在这个集合中，没有某一个解是在所有目标函数上全面优于另一个解的，即多目标遗传算法最终获得的是一个非支配解(也称为帕累托解)的集合。

2) 基于遗传算法的叶片设计应用

依据上述多目标遗传算法，以叶片的能量捕获效率最高、推力系数最小为目标函数，对120kW海流能发电机组的叶片进行优化设计，得到的帕累托前沿解集如图 2.21 所示。

帕累托前沿的解构成一条曲线，该曲线即叶片性能的极限边界，采用相同翼型组合的叶片设计，其性能只可能落在曲线及其右下角区域，而在曲线的左上角区域不存在物理解，也就是说，完全意义上的高效低载的叶片设计是不存在的，效率与载荷总是一对矛盾。

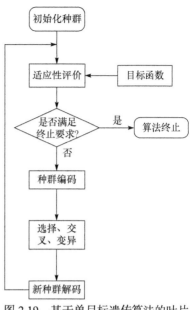

图 2.19　基于单目标遗传算法的叶片结构优化过程

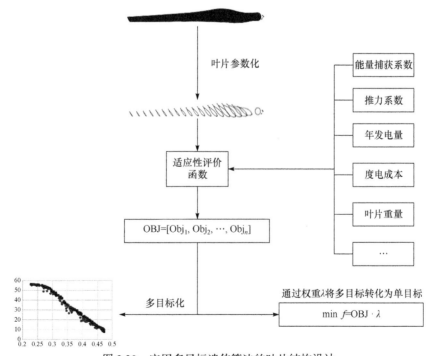

图 2.20　应用多目标遗传算法的叶片结构设计

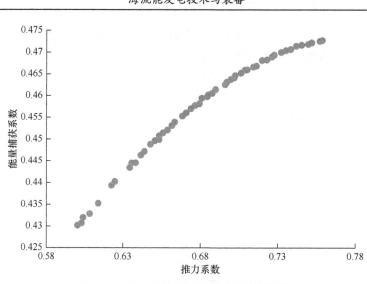

图 2.21 叶片多目标遗传算法帕累托解集

2.4 海流能发电机组叶片机械结构设计

海流能发电机组叶片机械结构设计是在保证前面完成的叶片水动力外形的基础上，运用材料力学及机械设计理论，完成叶片强度设计和材料选型等工作。

2.4.1 叶片载荷计算

叶轮是机组传动系统载荷的主要来源。叶轮在工作过程中受到的不均衡的倾覆力矩、偏航力矩、叶片重力矩、湍流引起的叶轮转矩周期性波动冲击等，都是影响海流能发电机组传动系统可靠性的重要因素[13]。有关文献及试验记录表明运行中的叶轮，其载荷变化在几秒钟内可以达到 100%，如图 2.22 所示，其对应的

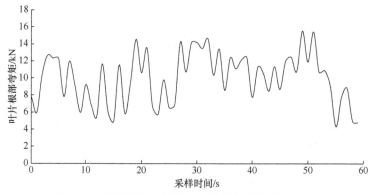

图 2.22 海流能发电机组叶片载荷变化示例(120kW)

转矩变化在 10s 内可以达到 0.1～0.9，这种突变的大载荷往往对叶片结构及传动链的寿命有着决定性的影响[14]。

载荷计算是进行叶片机械结构设计的必要条件。海流能发电机组的叶片在正常运行过程中，主要受到重力、惯性力及离心力等与自身质量相关的载荷和由水介质引起的水动力、浮力、水压力、附加质量力等的影响。

与叶片重力、惯性力、离心力等载荷引起的叶片拉压、弯曲及扭转相比，水动力载荷往往是影响叶片机械寿命的重要因素。水动力载荷是指海水流动对叶片产生的载荷，受叶轮工作机理及流固耦合的相互作用，该载荷不仅与海流的流速流向、波浪等外部条件紧密相关，而且与机组叶轮的运行状态密切相关。目前应用较广的水平轴海流能发电机组叶片水动力载荷计算方法包括基于叶素动量理论和基于计算流体力学方法两种，下面分别对这两种载荷求解方法进行论述。

1. 基于叶素动量理论的载荷分析

目前的海流能发电装备尚未形成统一的标准，载荷工况的制定需要结合现有的经验，并充分考虑海洋环境的水动力条件、机组工况条件、机组预设计的叶片结构、传动系统、发电机及控制策略等，将机组生命周期内所有的不同来流条件与机组潜在的所有可能工作状态进行排列组合，从而制定出机组的载荷工况表，并对每一种载荷工况进行解析计算、对计算结果进行统计分析，最后得到机组关键部件如叶片、传动系统等在设计寿命内的极限载荷和疲劳载荷。图 2.23 为用于叶片载荷描述的叶片载荷坐标系，x 轴方向为叶轮主轴的方向，z 轴方向为叶片轴

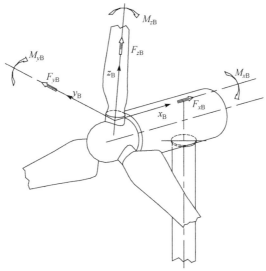

图 2.23　叶片载荷坐标系

方向，y轴方向符合右手定则，与x轴、z轴垂直。

机组载荷工况分为疲劳载荷和极限载荷两类，根据经验制定相应的载荷工况，如表2.2所示。由于篇幅有限，这里仅列出部分工况。

表2.2　工况载荷分类表

载荷种类	工况代号	机组状态	流况	机组故障	其他故障
疲劳载荷	F1.1	正常发电	正常湍流	无	无
	F1.2		稳态流	电气故障	无
	…	…	…	…	…
	F2.1	正常停机	稳态流	无	无
极限载荷	E1.1	正常发电	正常湍流	无	无
	E1.2		稳态流+极限阵流	无	无
	…	…	…	…	…
	E2.1	正常停机	稳态流	无	无
	…	…	…	…	…

下面以650kW水平轴海流能发电机组正常发电工况F1.1的疲劳载荷为例进行计算说明，该工况定义为机组正常发电且海流为正常湍流模型，见表2.3。根据实测流速数据，统计出满足正常湍流的年流速分布，并对其按海流特征(如湍流强度、流向等)进行细分，分别计算各工况代码下的载荷。

表2.3　疲劳载荷工况分类表实例

工况代号	平均流速/(m/s)	长度方向湍流强度/%	每年时数/h	来流偏差/(°)
F1.1aa	0.6	9	800	−5
F1.1ab			800	0
F1.1ac			800	5
F1.1ba	0.8	8	950	−5
F1.1bb			950	0
F1.1bc			950	5
F1.1ca	1.0	6	950	−5
F1.1cb			950	0
F1.1cc			950	5

续表

工况代号	平均流速/(m/s)	长度方向湍流强度/%	每年时数/h	来流偏差/(°)
F1.1da			950	−5
F1.1db	1.2	4	950	0
F1.1dc			950	5
F1.1ea			950	−5
F1.1eb	1.4	3.6	950	0
F1.1ec			950	5
F1.1fa			900	−5
F1.1fb	1.6	3.2	900	0
F1.1fc			900	5
F1.1ga			700	−5
F1.1gb	1.8	2.8	700	0
F1.1gc			700	5
F1.1ha			500	−5
F1.1hb	2.0	2.4	500	0
F1.1hc			500	5
F1.1ia			300	−5
F1.1ib	2.2	2.0	300	0
F1.1ic			300	5
F1.1ja			200	−5
F1.1jb	2.4	1.8	200	0
F1.1jc			200	5
F1.1ka			100	−5
F1.1kb	2.6	1.6	100	0
F1.1kc			100	5
F1.1la				−5
F1.1lb	2.8	1.2		0
F1.1lc				5
…	…	…	…	…

注：设计载荷工况：F1.1。机组运行状态：正常发电。外部条件：正常湍流模型，$v_{in} \leqslant v_{hub} \leqslant v_{out}$，$v_{in}$ 为切入流速，v_{hub} 为轮毂处的流速，v_{out} 为切出流速。

    同样，可以得到代码为 F1.2、F1.3 等工况下的载荷计算结果，对所有载荷计算结果进行统计(如雨流计数法)，即可得到机组关键部件(包括叶片的各个截面)在整个生命周期内涵盖所有工况的载荷分布。雨流计数法的主要功能是把载荷历程简化为若干个载荷循环。这里以 650kW 水平轴海流能发电机组轮毂载荷为例，运用雨流计数法对所有疲劳载荷工况的计算结果进行统计，得到轮毂的疲劳载荷，如图 2.24～图 2.26 所示。

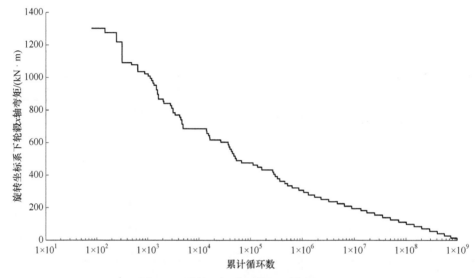

图 2.24　旋转坐标系下轮毂 x 轴弯矩 M_x

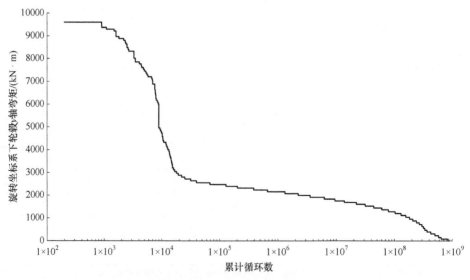

图 2.25　旋转坐标系下轮毂 y 轴弯矩 M_y

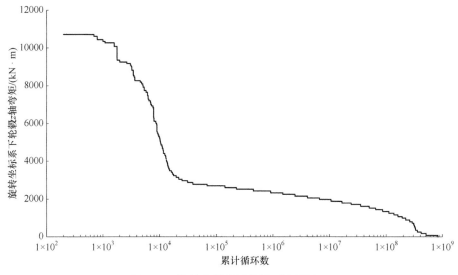

图 2.26　旋转坐标系下轮毂 z 轴弯矩 M_z

同理，可以定义机组的极限工况 E1.1、E1.2、E1.3 等，并对各极限工况进行计算，统计并提取机组的极限载荷。这里也仅给出叶轮半径 0.9m 截面处的极限载荷统计结果(表 2.4)，其他截面类似。依据叶片各个截面的载荷分布，就可以基于最大应力和最大应变失效准则完成叶片的机械结构设计[15]。从结构设计合理性的角度出发，对于某些不合理的结果或工况条件，可以根据实际经验来剔除。

表 2.4　叶轮半径 0.9m 处极限载荷

载荷方向	载荷极值	载荷工况	M_x/(kN·m)	M_y/(kN·m)	M_{xy}/(kN·m)	M_z/(kN·m)	F_x/kN	F_y/kN	F_{xy}/kN
M_x	Max	DLC1.1ha2	720.4	2717.5	2811.3	148.2	611.9	−188.5	640.3
	Min	DLC3.2c11	−282.3	183.3	336.6	3.23	49.0	72.1	87.2
M_y	Max	DLC2.2d	106.6	3300.0	3301.8	−5.12	685.6	−28.7	686.2
	Min	DLC2.2d	−253.5	−3892.6	3900.8	−533.6	−944.5	100.2	949.8
M_{xy}	Max	DLC2.2d	−253.5	−3892.6	3900.8	−533.6	−944.5	100.2	949.8
	Min	DLC1.2d11	−0.20	0.16	0.26	−8.20	10.8	−1.23	10.8
M_z	Max	DLC1.2e11	545.7	2439.0	2499.3	158.4	568.7	−155.8	589.6
	Min	DLC2.2d	−253.5	−3892.6	3900.8	−533.6	−944.5	100.2	949.8
F_x	Max	DLC2.2d	106.6	3300.0	3301.8	−5.12	685.6	−28.7	686.2
	Min	DLC2.2d	−255.3	−3887.6	3896.0	−532.2	−949.7	101.6	955.1
F_y	Max	DLC2.2d	−262.8	−3537.0	3546.7	−520.5	−902.4	106.0	908.6
	Min	DLC1.1ha2	720.4	2717.5	2811.3	148.2	611.9	−188.5	640.3
F_{xy}	Max	DLC2.2d	−255.3	−3887.6	3896.0	−532.2	−949.7	101.6	955.1
	Min	DLC1.1fc3	−4.74	−46.4	46.6	−15.1	−0.081	0.034	0.087

2. 基于计算流体力学的载荷仿真计算

基于流管模型的叶素动量理论在计算叶片载荷的过程中做了一些假设，如忽略沿叶片翼展方向的三维流动、流管内外的流场不发生相互作用等。载荷计算方法上，是将叶片沿翼展方向离散化，分成几段，对每一段的载荷进行近似求解再叠加，得到整个叶片的载荷，其无法有效描述叶尖损失及叶根损失，因此叶素动量理论在预测叶轮能量捕获效率及载荷时，往往需要进行损失修正。

计算流体力学方法及计算机仿真技术的发展为叶片载荷的计算提供了另一种解决方法。计算流体力学用一系列有限离散点上变量值的集合代替原来时间域和空间域上连续的物理量，通过对流体控制方程进行求解，得到各个离散点上变量之间的关系，从而得到流场的流动特性如速度、压力分布等。

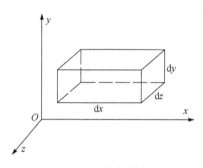

图 2.27　计算流体力学中的有限
体积法示意图

以计算流体力学中的有限体积法(图 2.27)为例，在流动区域取一个体积无限小的流体微元，将其视为连续体，流体可以通过它，同时此微元也可沿流线运动，且其各点上的速度矢量与流动速度相同，基本的物理方程也可适用于此微元上。

1) 叶片建模

从翼型库中获取翼型的二维截面坐标数据，并将其导入叶轮对应的截面位置，随后通过坐标变换得到每个截面对应的实际空间位置坐标。建模过程如下：

(1) 获取各个叶素截面的翼型二维坐标(x_1, y_1)。

(2) 设翼型旋转的中心坐标为(x_0, y_0)，以翼型前后缘的中心线为 x 轴，则截面的数据点在(x_0, y_0)坐标系下的二维坐标$(x_2, y_2) = (x_1, y_1) - (x_0, y_0)$。

(3) 求解各翼型截面处的实际空间坐标(x, y, z)。

① 结合弦长 c 计算叶素坐标$(x_3, y_3) = (x_2, y_2) \times c$。

② 根据半径 r 和扭角 α 求解空间实际坐标(x, y, z)：

$$
\begin{aligned}
x &= \sqrt{x_3^2 + y_3^2} \cos\left(\arctan\frac{y_3}{x_3} + \alpha\right) \\
y &= \sqrt{x_3^2 + y_3^2} \sin\left(\arctan\frac{y_3}{x_3} + \alpha\right) \\
z &= r
\end{aligned}
\tag{2.69}
$$

通过上述步骤可以得到叶片所有翼型数据点的实际空间坐标,如图2.28所示。

(4) 叶片三维模型创建。创建翼型空间坐标的数据点后，在 SolidWorks 软件中读取这些数据点，通过放样命令即可生成叶片的水动力外形，如图 2.29 所示。

图 2.28　叶片各截面翼型图

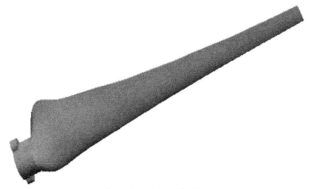

图 2.29　叶片实体模型

2) 流场模型

对透平旋转机构的仿真需要建立不同的计算域，即要用到多重参考系(multiple reference frame, MRF)技术。ANSYS 软件中的 Body 功能可以用来对计算域进行区分和定义，一个 Body 对应一个计算域，其中 Body 是具有封闭空间的几何区域，不同的 Body 可以进行流体性质以及运动状态等参数的独立设置，Body 之间则通过 ANSYS 软件中设置的交界面(Interface)进行数据交换。在仿真过程中，将叶轮结构与圆柱形叶轮外轮廓面围成的区域定义为旋转域 Body，并命名为 Rotating；将该圆柱形叶轮外轮廓面与流场边界围成的区域定义为静止域 Body，并命名为 Still。

为了避免流场边界壁面对计算域的影响，同时满足网格划分的要求和计算精度，选择适当大小和形状的计算域。计算域通常采用圆柱状，从保证计算结果尽量准确且不需要耗时太长的原则出发，流场圆柱边界为叶轮直径的 5 倍以上，计算域长度为机组长度的 10 倍以上，如图 2.30 所示。

3) 网格划分

在 ANSYS Workbench 仿真环境的 Mesh 模块中，可以选用 ANSYS 软件自带的网格划分功能，通过最大元素尺寸(element size)的方式定义网格尺寸。由于静止域流场比较稳定，对网格精度要求不高，故其元素尺寸可以适当大些；而旋转域由于流场变化较为复杂，且需要得到叶片附近区域流场流速压力等参数，所以这部分区域网格精度要高一些。此外，还需要定义叶片表面的元素尺寸。

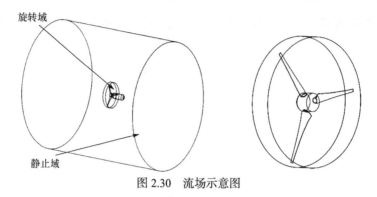

图 2.30　流场示意图

定义 Interface_inner 和 Interface_outer 分别为旋转域和静止域处的交界面名称，且两个交界面的元素尺寸应保持一致。分别设置相应的边界层，并使得网格过渡均匀，保证叶片外表面附近区域的网格密度，从而保证计算的准确度。

4) 边界条件

定义流场入口边界面为 Inlet，并以流速或质量流量作为入口边界条件；流场出口边界面为 Outlet，并将静压作为出口边界条件；流场其他外部边界面为 Wall，Still Body 的交界面为 Interface_outer，Rotating Body 的交界面为 Interface_inner，叶轮和叶片外表面为 Wall 壁面边界条件。

定义计算域类型，流体特性如海水密度、黏度等，湍流模型如 k-Epsilon、k-ω 等，以及热传导模型等，并进行求解。

5) 计算结果分析

下面给出作者团队研制的 500W 双向叶片海流能发电机组的叶轮数值模拟计算结果。机组设计参数如下：额定功率为 500W，额定流速为 1m/s，额定转速为 50r/min，叶轮直径为 1.92m。图 2.31 为双向叶轮能量捕获系数，该结果表明，其

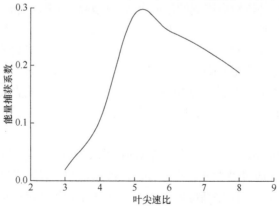

图 2.31　双向叶片海流能发电机组的叶轮能量捕获系数

最大能量捕获系数为 0.3 左右，这可以归结为双向翼型的升阻力特性在正向流和反向流的条件无法同时保证最佳，双向翼型需要进一步优化。与单向叶片相比，双向叶片的能量捕获系数仍有很大的提升空间。

图 2.32 为叶轮周围的流场压力云图。从图中可知，叶轮在旋转时，水流在叶

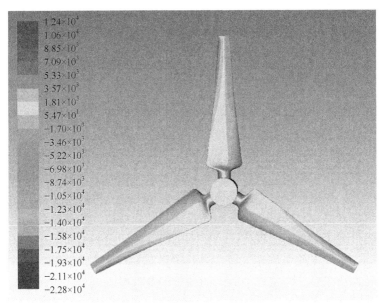

(a) 叶轮正面压力云图

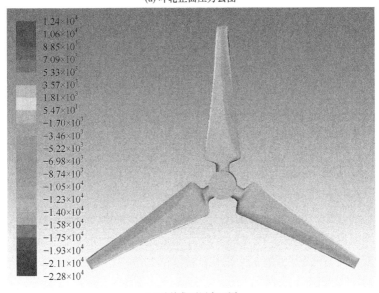

(b) 叶轮背面压力云图

图 2.32　叶轮周围的流场压力云图(单位：Pa)

片压力面产生较大的正压力，在吸力面产生负压力，且叶尖是压差较大的区域，故叶尖也是驱动叶片旋转的主要做功区域。

根据图 2.32 可以得到叶片各个截面处的载荷分布，但它仅能计算出叶轮在稳态工况下即特定流速、特定转速时的载荷情况。实际工作中，叶片工况载荷及外部来流条件复杂多变，若都通过计算流体力学方法来计算，将耗时耗力，故计算流体力学方法多用于叶片的概念设计及论证阶段，在工程化设计应用中多采用前述基于叶素动量理论的解析计算方法。

2.4.2　叶片机械结构设计

基于前述载荷计算结果，设计合理的叶片机械结构，保证其在全工况载荷条件下不发生破坏，即满足材料的强度要求。同时，结构设计还应考虑如何使成本最低。

目前叶片材料主要以玻璃纤维或碳纤维环氧树脂增强型复合材料为主，也有一部分研究机构在试验阶段采用金属材料，但从产业化发展要考虑的生产工艺成本、材料成本来讲，复合材料仍是目前首选的叶片材料。海流能发电机组的叶片机械结构设计大多仍是参照现代风力发电机组叶片的机械结构形式，在很多情况下都要对其进行加强或者改进，因为同等功率下的海流能发电机组叶片要比风力发电机组叶片小很多，但单位面积上的载荷却要大很多，所以如何通过结构优化提升叶片的强度及结构稳定性，同时降低叶片的制造成本，是海流能发电机组叶片结构设计的重要内容。此外，海流能发电机组叶片设计还需要考虑比风力发电机组叶片更加恶劣的载荷特性、耐腐蚀性、密封性等要求。

1. 叶片常规的剖面结构

在金属叶片中，由于加工困难，通常采用实心结构，这就给传动系统主轴及轴承带来较大的附加载荷，而叶片结构的设计要求之一就是其在水中产生的浮力应尽可能地抵消其本身的重力，所以这里只针对复合材料叶片结构。

叶片剖面结构设计主要考虑的要素应包括叶片的机械结构特性、加工难易程度、结构轻量化等。考虑到制造成本，叶片内部一般设计为中空结构或填充一些泡沫材料，所以叶片内部需要合理的框架结构，外部加一定厚度的蒙皮结构来克服叶片受到的弯矩、剪切力及扭矩，并维持叶片结构的稳定性；反之，如果叶片剖面仅选用薄壁空腔结构，极易引起叶片变形过大或者局部失稳。因此，综合考虑以上因素，复合材料叶片的剖面多使用薄壁梁结构，根据主梁形式的不同，较典型的剖面结构如图 2.33 所示。

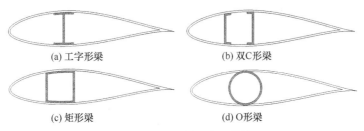

(a) 工字形梁　　　　　　　　　　(b) 双C形梁

(c) 矩形梁　　　　　　　　　　(d) O形梁

图 2.33　叶片剖面常用结构

　　这些剖面结构均参考了风力发电机的叶片剖面结构，蒙皮主要起维持水动力外形、抗屈曲的作用，并承受剪切载荷和少量弯曲载荷。主梁主要承受叶片的弯矩，通过将其空间化，可以增加几何惯性矩或刚度，从而具有更好的抗弯特性。图 2.34 为浙江大学研制的 120kW 水平轴海流能发电机组叶片，其剖面结构即采用了图 2.33(a)中的结构形式(图 2.35)。

图 2.34　浙江大学 120kW 水平轴海流能发电机组叶片

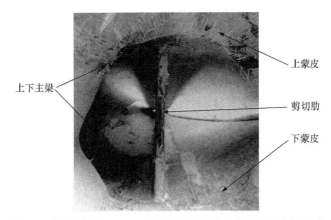

图 2.35　浙江大学 120kW 水平轴海流能发电机组叶片剖面结构

　　图 2.36 为英国原 MCT 公司在其早期 300kW 水平轴海流能发电机组中采用的叶片，该叶片内部采用了类似龙骨式的结构。其蒙皮为玻璃纤维增强复合材料，中心主梁为金属材质以保证叶片的抗弯能力，该剖面结构具有较高的结构可靠性和很好的抗屈曲能力，但制造工艺较为复杂，且中心主梁结构的截面惯性矩不是很大。

图 2.36　英国原 MCT 公司 300kW 水平轴海流能发电机组叶片内部结构

2. 叶片材料的选择

如前所述，叶片材料的选择，应综合考虑材料的机械特性(包括材料的力学特性及其在海洋环境中的耐腐蚀、耐疲劳、抗老化等)、加工工艺成熟度、加工成本及材料成本等。

玻璃纤维增强复合材料具有较好的力学特性，如重量轻、比刚度和比强度较高、耐腐蚀等特性，且其成本相对较低，制备工艺已在风力发电机中得到了广泛应用，所以海流能发电机组叶片可以借鉴这类材料的设计方法和加工工艺。国内外也有部分海流能发电机组叶片采用了碳纤维增强复合材料，其具有更高的比强度，但高昂的价格及尚不成熟的制备工艺是制约其在海流能发电机组叶片领域广泛应用的重要因素。随着机组的大型化发展，为了兼顾结构强度及成本的要求，有时叶片局部也可以采用玻璃纤维与碳纤维的混合材料，例如，在抗冲击要求高且尺寸要求紧凑的部位(如叶根)，有时就需混合使用这两种材料。一般认为由于碳纤维的增强作用，纤维和树脂的用量可以减少，从而综合成本也有望被接受。

复合材料叶片的加工通常采用制模、模具成型、真空灌注成型、胶接等工艺技术，比较适合批量生产的场合。图 2.37 为以 60kW 玻璃纤维作为基材的海流能发电机组叶片。

图 2.38 给出了处于海上试验阶段的部分样机的叶片，其采用了金属材料，缺点是重量较大，优点是结构力学性能好、无须开模，所以小批量加工或单件试制可以采用机加工金属叶片。随着金属三维(3D)打印技术的成熟，单件或单批量叶片也可以采用 3D 打印成型，但成本高是其主要问题之一。

图 2.37　60kW 玻璃纤维增强复合材料叶片

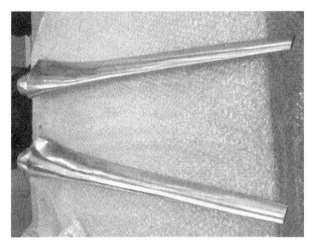

图 2.38　金属材料叶片

3. 叶片的铺层设计

这里只针对常规复合材料叶片结构进行设计。这类叶片的蒙皮和主梁一般由玻璃纤维布铺层后灌注环氧树脂而成，玻璃纤维布的铺层设计需要遵循以下几个基本原则：

(1) 有效传力的原则，即保证结构能最有效、最直接地传递给定方向的外载荷，进而提高结构的承载能力、稳定性和抗冲击损伤能力。以拉压为主的构件应以 0°铺层居多，纤维基本沿应力方向布置，以最大化利用纤维轴向的高强度和高刚度；以受剪为主的构件应以 45°铺层居多，从稳定性和耐冲击的观点来看，层合板外表面宜以±45°铺层为主，对于承受面内集中力冲击部位的层合板，往往也配置一定数量与载荷方向成±45°的铺层以便将集中载荷扩散；90°方向的铺层纤维可改善横向强度和调节泊松比。在满足受力的情况下，铺层方向数应尽量少。理论上为了满足强度和刚度要求，可以设计任意方向的铺层，但为简化设计与工艺，一般以 0°、90°、±45°为主。

(2) 工艺上，铺层结构设计应该尽量避免固化后的翘曲变形和树脂裂纹。首先，应使各定向单层尽量沿层合板厚度均匀分布，避免将同一铺层角的铺层集中放置。当不得不使用时，一般不超过 4 层，以减少两种定向层的开裂和边缘分层。表面铺设±45°层，可以改善层合板的稳定性和抗冲击性能。另外，铺设顺序对层合板稳定性承载能力也有影响。

(3) 层压板厚度变化过渡区设计。根据叶片的受载状况，叶片是属于叶根至叶尖厚度逐渐变小的结构，必然存在厚度变化过渡区，厚度的突变会引起应力集中。一般实现这种铺层过渡主要有两种方法：斜坡式连续过渡和台阶式过渡。斜坡式连续过渡通过逐次增加或减少铺层来完成，厚度斜度一般不大于 10°。台阶式过渡是指每隔 L 长度，按厚度 H 来减少铺层，一般要求相邻台阶的宽度相近且台阶高度不超过宽度的 1/10，同时在表面铺设连续覆盖层，以防止台阶外发生剥离破坏。台阶式铺层结构如图 2.39 所示。在实际工程设计中，通常将叶片进行分段，即分成叶根部、过渡段和前端三个部分。其中，前端主要考虑水动力性能，过渡段起承载的作用并逐渐加强直至叶根。所以，为保证叶片铺层达到等强度设计，往往叶尖到叶根的铺层层数逐渐增加，同时还可以对局部进行加强。此外，铺层的厚度除需满足强度条件，在很大程度上往往还由叶片的变形条件所控制，即还要满足刚度条件。下

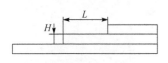

图 2.39　台阶式铺层结构

面简单介绍铺层结构设计方法。

复合材料的结构设计一般可采用准网络设计法、等代设计法、卡皮特曲线设计法、主应力设计法等。其中等代设计法是结构设计初期的一种方法，至今仍运用于复合材料的工程设计中。等代设计法是指在同样的载荷和使用环境条件下，用准各向同性的复合材料层合板来代替其他材料，并使用原来材料设计的方法进行设计，在保证强度和刚度的条件下，不考虑复合材料单层的力学性能设计，而是以层合板的性质来进行结构设计。这种方法简化了复合材料结构设计过程，但是为了保证设计结果的可靠性，对此方法下的结构设计需要进行进一步的刚度或强度校核。

根据经典的层合板理论，可以将叶片简化为根端固定的悬臂梁或者壳体结构，以便进一步应用经典梁理论来进行计算，即叶片各截面应力分布不超过该点材料的许用应力。叶片在运行过程中有以下载荷特征：叶片因离心力作用受单向拉伸，因水动力载荷及重力载荷而受剪切、弯曲和扭转。因此，根据载荷特征及前述载

荷分析的结果开展主梁、蒙皮等的结构设计。

1) 主梁

主梁主要承担弯矩载荷，按照铺层的原则，往往采用单轴向布对主梁进行铺层，使纤维布沿叶片轴向铺放以充分发挥纤维的受拉作用。在叶片铺层的厚度设计中一般采用极限强度标准来计算单轴向布的铺设厚度，极限强度要求主梁截面上任意一点的应力值都小于等于许用设计值，即

$$\sigma_b \leqslant [\sigma]$$

式中，σ_b 为沿叶片轴向的拉应力；$[\sigma]$ 为材料许用设计应力，其值为材料的抗拉或者抗压强度极限除以规定的安全系数。

为进行主梁的抗弯计算，首先对翼型这一非对称截面的受力进行简要分析。如图 2.40 所示，xOy 为参考坐标系，也可作为叶片的载荷坐标系，$x'O'y'$ 为原点坐标位于等效杨氏模量形心(即弹性变形点)的局部坐标系。

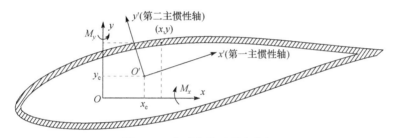

图 2.40 非对称截面受力分析

不规则截面任意一点 $P(x,y)$ 的弯曲正应力 σ_b 的强度要求可表示为

$$-E(x-x_e)\frac{-T_{xy}M_x+T_xM_y}{T_xT_y-T_{xy}^2}-E(y-y_e)\frac{T_yM_x-T_{xy}M_y}{T_xT_y-T_{xy}^2} \leqslant [\sigma] \tag{2.70}$$

式中

$$x_e = S_y / \overline{EA}, \quad y_e = S_x / \overline{EA}$$

$$T_{xy} = \overline{EI_{xy}} - S_xS_y / \overline{EA}$$

$$T_x = \overline{EI_x} - S_x^2 / \overline{EA}$$

$$T_y = \overline{EI_y} - S_y^2 / \overline{EA}$$

式中，E 为材料的弹性模量；M_x、M_y 分别为关于 x 轴和 y 轴的弯矩；$S_x = \int Ey\mathrm{d}A$、$S_y = \int Ex\mathrm{d}A$ 分别为截面关于 x 轴和 y 轴的刚度矩；$\overline{EA} = \int E\mathrm{d}A$ 为刚度；$\overline{EI_x} = \int Ey^2\mathrm{d}A$、$\overline{EI_y} = \int Ex^2\mathrm{d}A$ 和 $\overline{EI_{xy}} = \int Exy\mathrm{d}A$ 分别为关于 x 轴、y 轴和原点的等效抗

弯刚度, I_x、I_y 和 I_{xy} 分别为关于 x 轴、y 轴和原点的惯性矩及惯性积。

通常, 叶片第一主惯性轴的抗弯刚度小于第二主惯性轴, 一般可只针对第一主惯性轴的弯曲强度进行设计。此外, 弦长方向与第一主惯性轴的夹角往往都比较小, 作为叶片结构初始设计, 用弦长方向来代替第一主惯性轴, 其计算结果的精确度基本可满足初始设计需要。通过 Bladed 软件进行叶片载荷分析, 可以得到叶片沿翼展方向上各个截面的载荷数据。记录下叶片各截面在挥舞方向和摆振方向上的弯矩 M_x 和 M_y。

以 M_x 为例, 可以得到由 M_x 引起的横截面上的轴向应力值为

$$\sigma_b = -M_x \frac{\overline{EI_y}Ey - \overline{EI_{xy}}Ex}{\overline{EI_x}\,\overline{EI_y} - (\overline{EI_{xy}})^2} \tag{2.71}$$

设计时, 假设叶片所受弯矩主要由主梁承担, 计算出的结果会更加保守, 故这里只计算主梁的厚度, 且只采用单轴向布进行铺层, 式(2.71)可继续简化为

$$\sigma_b = -M_x \frac{I_y y - I_{xy} x}{I_x I_y - I_{xy}^2} \tag{2.72}$$

根据该公式, 可以设计叶片主梁结构如图 2.41 所示, 其中 R 为叶轮中心至各主梁截面的距离。

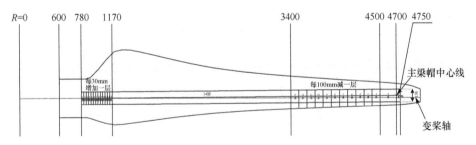

图 2.41 浙江大学 120kW 海流能发电机组主梁铺层结构(单位：mm)
以 14 层为中心, 向左或向右都递减一层

2) 主梁腹板及蒙皮设计

叶片剖面中主梁的腹板主要用于防止叶片因受弯而失稳, 即保证腹板的弯曲刚度。对于复合材料层合板, 远离中面的铺层在抗弯中往往体现着主要的作用。为了降低叶片的质量而保证结构的刚度, 可以把弹性模量大、强度高的材料放在远离中面的位置以充分发挥其材料性能, 中间配以低强度和低模量的轻质材料。因此, 叶片的腹板往往采用的是夹芯结构。一般来说, 夹芯层合板主要分为三部分：最外层的高强度、高模量材料, 主要承受弯曲引起的应力；芯材主要作为两侧面板的填充材料承受剪应力, 常用的芯材有泡沫塑料、金属或者非金属制成的

蜂窝或波纹板。一般工程上采用双轴向布来进行腹板铺层。研究证明,按照材料的剪切强度进行设计,双轴向布的厚度往往偏小,目前通常的做法是采用经验公式。

　　蒙皮以提高叶片的抗扭和抗剪能力为主,故需要适当铺放一些 45°方向纤维布,并利用三轴向布对叶根及蒙皮进行加强。此外,为保证叶片与轮毂的连接强度,叶根的铺层需要加厚加强,通常用三轴向布,且沿叶片轴向方向的纤维占比大。图 2.42 为浙江大学 120kW 海流能发电机组叶片蒙皮铺层结构和剪切肋结构图。

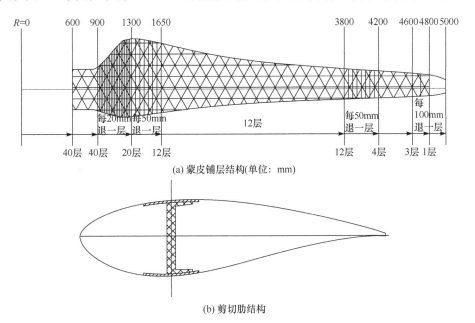

(a) 蒙皮铺层结构(单位: mm)

(b) 剪切肋结构

图 2.42　浙江大学 120kW 海流能发电机组叶片蒙皮铺层及剪切肋结构

2.5　湍流对叶轮能量捕获特性的影响

　　海流具有高湍流的特点,研究湍流对叶轮转矩、轴向力等的影响,对于提高叶轮性能预测精度及优化叶轮设计以提高其可靠性、降低成本等具有重要意义。

　　英国南安普敦大学 Bahaj 教授项目组在试验水槽内,运用多孔板生成不同的湍流强度,改变叶轮位置以获得不同的湍流积分尺度,研究了湍流对 1/20 比例模型(叶轮直径为 0.8m)的影响,其实施方案如图 2.43 所示。

　　水槽内放置静态栅格,通过改变栅格尺寸可以得到不同尺度的湍流涡(图 2.44)。试验中采用了 100mm 和 400mm 两种栅格尺寸。试验过程中分别记录水槽内叶轮周边的流速、叶片载荷(叶片推力)和叶轮载荷(叶轮轴向力、叶轮转矩)。

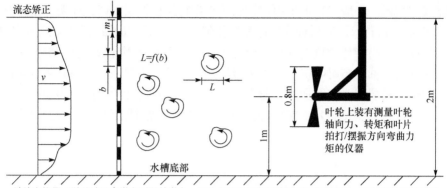

图 2.43　南安普敦大学比例样机试验方案

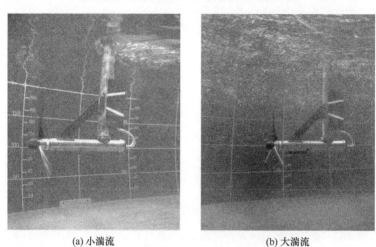

(a) 小湍流　　　　　　　　(b) 大湍流

图 2.44　模型样机在水槽内的测试照片

　　下面以小网格为例介绍试验结果。图 2.45 为在四种情况下(无网格、6%湍流强度、10%湍流强度和 15%湍流强度)的功率-转矩特性。从图中可以看出，随着

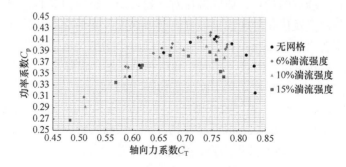

图 2.45　功率系数-轴向力系数曲线

湍流强度的增大，功率系数及轴向力系数均会降低。与 6%湍流时 C_p 值约 0.42 相比，在湍流强度达到 15%时，C_p 的最大值为 0.39，降幅约为 7%。

图 2.46 给出了叶轮轴向力与转矩的变化曲线。由图中可以看出，增大湍流强度，叶轮的轴向力波动也增大，但转矩变化不明显，尤其在叶尖速比大于 7 以后，转矩波动反而减小。

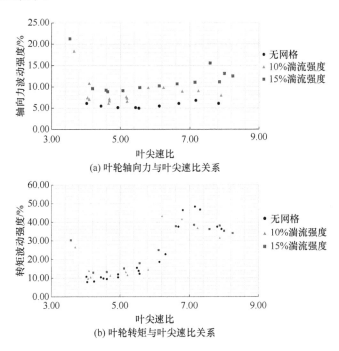

图 2.46　不同湍流条件下的叶轮轴向力与转矩波动曲线

类似的规律也出现在叶片载荷上，如图 2.47 所示，增大湍流强度使叶片载荷的波动变大。而对于叶片转矩，随着叶尖速比的增加，不管湍流情况如何，叶片转矩波动逐渐趋同。

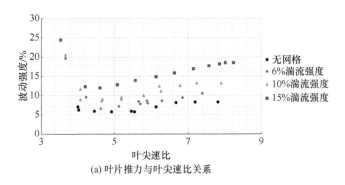

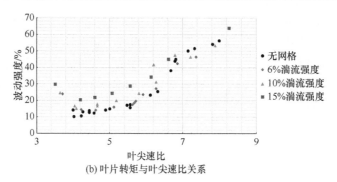

(b) 叶片转矩与叶尖速比关系

图 2.47　不同湍流条件下的叶片推力与转矩波动

2.6　本章小结

　　本章从海流能发电机组叶片的基本单元翼型入手，首先介绍了海流能发电机组叶片基于多目标遗传算法的翼型优化设计方法，该方法可有效改善叶片的综合性能；然后介绍了常用的升力型海流能发电机组的叶片设计基础理论及设计方法，包括常规的基于叶素动量理论的设计方法和基于遗传算法的叶片设计方法；随后给出了叶片水动力载荷分析方法以及基于载荷计算结果的叶片机械结构设计方法；最后就湍流对机组能量捕获系数和轴向力特性的影响进行了介绍，可为湍流情况下的叶片及机组结构设计提供参考。

参 考 文 献

[1] 刘宏伟. 水平轴海流能发电机械关键技术研究[D]. 杭州: 浙江大学, 2009.

[2] Martinez J, Rodriguez C, Bernabini L, et al. An improved BEM model for the power curve prediction of stall-regulated wind turbines[J]. Wind Energy, 2005, (8): 385-402.

[3] 周宏宾. 水平轴海流能机组叶片优化设计[D]. 杭州: 浙江大学, 2018.

[4] Ahmed M R. Blade sections for wind turbine and tidal current turbine applications—Current status and future challenges[J]. International Journal of Energy Research, 2012, 36: 829-844.

[5] Grasso F. Design and optimization of tidal turbine airfoil[C]. The 29th AIAA Applied Aerodynamics Conference, Honolulu, 2011: 3816-3832.

[6] Gupta M K, Subbarao P M V. Development of a semi-analytical model to select a suitable airfoil section for blades of horizontal axis hydrokinetic turbine[J]. Energy Reports, 2020, 6(S1): 32-37.

[7] Konak A, Coit D W, Smith A E. Multi-objective optimization using genetic algorithms: A tutorial[J]. Reliability Engineering and System Safety, 2006, 91: 992-1007.

[8] Batten W M J, Bahaj A S, Molland A F, et al. Hydrodynamics of marine current turbines[J]. Renewable Energy, 2006, 31: 249-256.

[9] 储德文. 求解截面主惯性矩的矩阵特征值法[J]. 力学与实践, 2003, 25(6): 66-68.

[10] 刘鸿文. 材料力学 I[M]. 4 版. 北京: 高等教育出版社, 2004.

[11] Shen W Z, Mikkelsen R, Sorensen J N. Tip loss corrections for wind turbine computations[J]. Wind Energy, 2005, 8(4): 457-475.

[12] Moriarty P J, Hanse A C. AeroDyn theory manual[R]. Golden: National Renewable Energy Laboratory, 2005.

[13] Ullah H, Hussain M, Abbas N, et al. Numerical investigation of modal and fatigue performance of a horizontal axis tidal current turbine using fluid-structure interaction[J]. Journal of Ocean Engineering and Science, 2019, 4(4): 328-337.

[14] Elasha F, Mba D, Togneri M, et al. A hybrid prognostic methodology for tidal turbine gearboxes[J]. Renewable Energy, 2017, 114: 1051-1061.

[15] 丁渊. 潮流能机组叶片机械结构设计及有限元分析[D]. 杭州: 浙江大学, 2017.

第3章 水平轴海流能发电装备半直驱传动技术

海流能发电机组的叶轮大多工作在低速大转矩状态下，而作为机电转换单元的常规发电机的额定转速往往较高，专用的低速永磁发电机又具有体积大、不易安装维护等缺点。传动系统的匹配性设计可有效解决这一问题。海流能发电装备工作在恶劣的海洋和工况环境下，对传动系统具有较高的可靠性要求，同时作为一种能源供给装备又需具有较高的传动效率，如何针对其工作特点开展传动系统的设计是亟待深入研究的问题。本章从海流能发电装备传动需求、现有传动形式及传动设计方法对此进行详细论述。

3.1 海流能发电装备传动系统特点

海流能发电装备传动系统面临着功率波动范围大、载荷冲击大等问题，作为在恶劣工况环境下的能源供给设备，该传动系统应满足以下要求。

1. 恶劣工况下的传动系统可靠性

叶轮捕获的功率与流速的三次方成正比，尽管海流流速具有较强的规律性和可预测性，但受风浪及天气情况影响，在局部的时空范围内存在随机变化的特征。图 3.1 为舟山某海域实测一个周期内的流速曲线。

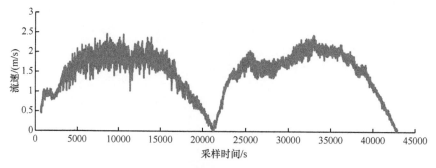

图 3.1 舟山某海域实测一个周期内的流速曲线

对海流流速分布图进行分析，设海流能发电装备工作流速范围为 0.6~2.5m/s，

可以知道机组功率的变化范围是非常大的，由此导致的转矩波动会非常剧烈，即其转矩变化与流速的平方成正比，即

$$T = \frac{P}{\Omega} = \frac{0.5\rho S v_\infty^2 (\Omega r / \lambda_{\text{opt}}) C_{\text{p}}}{\Omega} = \frac{0.5\rho S v_\infty^2 r C_{\text{p}}}{\lambda_{\text{opt}}} \quad (3.1)$$

式中，P 为叶轮捕获的功率；Ω 为叶轮转速；S 为叶轮扫截面积；v_∞ 为来流速度；λ_{opt} 为叶轮的最佳叶尖速比；C_{p} 为叶轮能量捕获系数。

台风、风暴潮等极端天气引起的复杂风浪流耦合流场，以及叶片与水流的非线性作用导致的传动系统较强的非线性等，都会给传动系统的极限载荷分析、疲劳载荷分析以及传动系统的强度设计带来较大的困难。

在开展传动系统的结构设计时，非常有必要对海流能发电装备在全生命周期内的工况载荷进行计算、统计和分析。

2. 能源装备的传动高效性

与传统的齿轮箱传动系统输入端为电动机或发动机不同，海流能发电装备传动系统的输入端是作为一次能量捕获机构的叶轮，叶轮捕获能量的不稳定性决定了传动系统复杂的工况特性。对海流能发电传动系统的润滑系统、冷却系统及传动效率/可靠密封的折中平衡设计等进行研究，对提高这种能源电力供给设备的可靠性具有重要的意义。较高的传动效率意味着较低的相对成本，同时降低了装备自身的损耗。典型的水平轴海流能传动系统方案如图 3.2 所示。

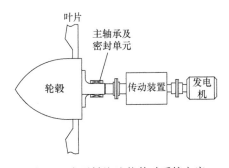

图 3.2　水平轴海流能传动系统方案

水平轴海流能发电装置的传动系统应包括主轴、主轴承、主轴动密封单元、动力传输装置(即增速机构)及相应的联轴器、润滑冷却单元等。提高传动系统的效率，其设计难度在于找到可靠密封与低摩擦损耗之间的平衡点，同时优化传动系统或开发新型传动形式以适应复杂的功率传动特性。

3. 有利于叶轮流场的传动外形设计

首先水平轴海流能发电机组的工作方式决定了其传动系统需要占据部分叶轮扫截面，这一面积称为无效挡水面积，这一面积与叶轮扫截面积的比值越小，叶轮的有效捕能工作面积就越大，同时机组受到的轴向载荷也越小(因为该挡水截面往往具有较大的阻力系数)。其次，水平轴海流能发电装备的叶轮只有工作在良好

的稳定流态下，才能具备最佳的能量捕获效率，实现这一目标的方法就是设计流线型传动系统外形，减小传动机构对来流的扰动。

目前通常的做法是采用输入轴与输出轴同心的布置结构，但如何通过结构设计实现在升速比、传递功率等约束条件下的传动系统外形结构优化，使之具有"大长径比"结构特点从而改善流场条件、提高有效流场面积等，都是传动系统设计的关键技术。

综上所述，水平轴海流能发电装备的能量传动系统与传统的传动机构相比，具有复杂的载荷特性、较高的密封可靠性、较高的传动效率和紧凑的外部流线型机构。目前世界范围内常用的海流能发电传动系统包括高速比机械传动海流能发电、低速比半直驱传动海流能发电、直驱传动海流能发电等[1-3]，也有的研究机构在研究针对新能源装备的新型能量传动方式，如用于抑制载荷冲击、提高功率平稳性的液压传动方法、机械液压混合方法、电磁传动方式等[4]，这些传动形式各有优缺点。

3.2　大长径比半直驱传动技术

机械式齿轮箱传动形式具有技术相对成熟、研制基础好(可参照风机传动技术)、传动效率高等优点，所以目前的海流能发电装备采用的能量传递形式主要集中于这种机械传动形式，如英国原 MCT 公司的 300kW Seaflow 海流能发电机组、2×600kW SeaGen 海流能发电机组、挪威 Hamerfest 公司的系列化海流能发电机组以及英国 Atlantis 公司在其 MeyGen 项目中采用的 1.5MW 海流能发电机组等均采用了高速比齿轮传动系统。这种传动形式基本类似于现代成熟的风力发电机齿轮箱传动技术，其通常采用两级或三级以上增速，机组可采用常规发电机。然而，高速比齿轮传动的可靠性问题是影响其在恶劣海洋环境及复杂工况下广泛应用的瓶颈问题，正如在风力发电机组中，齿轮箱的高速级故障是整机的主要故障之一。

作为一种新概念的机械传动形式，半直驱传动技术在海流能发电机组中的应用率先由浙江大学提出并用于其研制的 60kW/120kW/650kW 海流能发电机组中。在该传动形式中，叶轮主轴与发电机输入轴之间采用低速比齿轮箱，通常经过一级或两级增速，可以选择中低速的发电机。该方案以结构紧凑、传动效率高、可靠性高、具有大长径比的流线型外形结构等优点而备受关注。国电联合动力技术有限公司与浙江大学联合研制的 300kW 海流能发电机组、哈尔滨电机厂有限责任公司研制的 300kW 海流能发电机组、中国海洋大学研制的 50kW 海流能发电机组等均采用了半直驱传动形式的齿轮箱方案。

但总体而言，尽管水平轴海流能发电装备近年来得到了快速发展，在单机容量、列阵运行规模上尤为明显，但对机组关键载荷及作用机理的理解仍不成熟，仍需要大量的数据积累与分析。而现有的各个行业齿轮箱无论在结构外形，还是载荷适应性及密封可靠性等方面均无法满足海流能发电机组的使用要求，所以亟须开展专用海流能发电机组的齿轮箱设计。

本节从海流能发电装备的常用传动结构形式介绍开始，对各种传动技术进行论述，并重点对适用于海流能发电装备的半直驱传动技术及优缺点进行详细介绍。

3.2.1　高速比齿轮传动技术

水平轴海流能发电机组高速比传动技术通常采用两级行星加一级定轴的传动形式，如图 3.3 所示。主轴通过联轴器与第一级行星传动模块的行星架相连，第一级行星传动的内齿圈固定，行星架的运动带动行星小齿轮与中心太阳轮啮合，从而驱动第一级太阳轮转动。第一级太阳轮的运动通过花键连接再带动第二级行星传动模块的行星架及行星轮转动，驱动第二级太阳轮转动。第二级太阳轮轴的运动再通过一级定轴传动后，带动发电机轴转动。

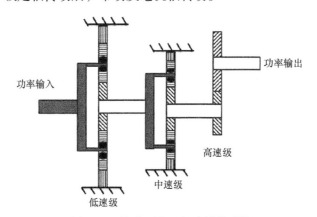

图 3.3　两级行星加一级定轴传动[5]

由于行星传动比平行轴传动具有更大的传递功率，且具有多种传动结构形式，同样体积条件下具有传动比大、便于选择常规的高效发电机等优点，所以在能源装备的传动系统中应用较多。但这类高速比齿轮传动系统的缺点是传动结构复杂、关键部件加工难、高速级可靠性差导致故障率高；另外，由于输入轴与输出轴非同心布置，机组整体无法实现具有狭长形流线外形结构，这一方面会引起叶轮处的流场扰动不利于叶轮能量捕获，另一方面增大的挡水面积也增加了机组的水动力载荷。

图 3.4 为英国原 MCT 公司的 SeaGen 2×600kW 海流能发电机组齿轮箱，它是由捷克的 Wikov 公司提供，并先后为法国 Tidal Generation 公司 500kW 海流能发电机组、AHH 公司 1.5MW 海流能发电机组提供了类似的传动结构。

图 3.4　英国原 MCT SeaGen 2×600kW 海流能发电机组齿轮箱

为应对海流能发电装备的可靠性、体积紧凑便于安装等要求，该系列的传动齿轮箱在局部也进行了优化并具备以下特点：①采用了弹性销和差动式转矩分流技术，在保证大的扭矩传递能力的前提下，可以有效减小传动系统体积和重量；②弹性销布置技术保证了载荷的均匀分布，并可有效补偿变形；③可以配置齿轮箱的远程状态监控系统。

3.2.2　半直驱传动技术

水平轴海流能发电机组半直驱传动技术最早由浙江大学新能源项目组于 2006 年提出，并先后在其 25kW、60kW、120kW、300kW(与国电联合动力技术有限公司合作研制)、650kW 等系列化海流能发电机组中得到了应用，哈尔滨电机厂有限责任公司的 300kW 海流能发电机组也采用了半直驱传动技术。半直驱传动技术的内涵是采用低速比传动齿轮箱+中低速发电机，从而既保证了传动系统的可靠性，又解决了发电机效率与其转速成反比这一矛盾问题。该技术具有集成度高(体积小、重量轻、结构紧凑等)、效率高、可靠性高、可维护性好、噪声低等优点。

本节结合作者多年来对水平轴海流能发电机组半直驱传动技术的研究，分别对几类传动方案进行介绍。

1. 分流合流传动方案

浙江大学 25kW 水平轴海流能发电机组采用的分流合流传动方案如图 3.5 所示。综合考虑机组结构的紧凑性及可靠性要求，该传动结构的设计具备几个特点：①齿轮箱输入轴兼作叶轮主轴，即齿轮箱输入轴通过法兰与叶轮轮毂直接相连，这样做有两个好处，一方面省掉了独立主轴零件，另一方面可以尽可能地加大主轴轴承间距，以平衡叶轮的悬臂作用；②采用了转矩三分流三合流的类行星齿轮传动机构，转矩分流结构可以实现转矩的动态均衡，且传递扭矩大；③机组整体采用了发电机-齿轮箱的一体式结构，即将发电机直接置于齿轮箱内，从而省略掉外部的机舱结构；④齿轮箱内部传动呈现一种类行星齿轮结构，具有结构紧凑、重量轻、传动比大、运动平稳、抗冲击和振动能力强等优点；⑤主轴轴承采用调心滚子推力轴承，可以承受以轴向载荷为主的轴向、径向联合载荷，并具备一定的自对心功能。

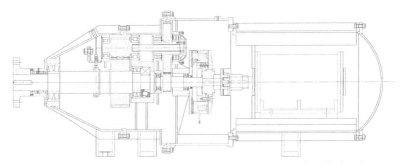

图 3.5　浙江大学 25kW 水平轴海流能发电机组分流合流传动方案

25kW 分流合流齿轮箱传动系统实物装配如图 3.6 所示。

图 3.6　25kW 分流合流齿轮箱传动系统实物装配

这类分流合流结构可以为变桨系统的配油或电液滑环及节距角位移传感器提供必要的安装空间，安装结构如图 3.7 所示，该结构应用于浙江大学 20kW 和 120kW 液压变桨系统中。

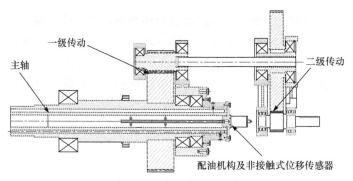

图 3.7　配油及传感器安装

　　采用分流合流方案的 120kW 液压变桨水平轴海流能发电机组的传动系统结构如图 3.8 所示。与 25kW 机组中的两级传动方案有所不同，本机组的第一级传动采用了内齿圈+小齿轮的类行星传动机构，第二级采用固定轴转矩合流机构。同时主轴和齿轮箱仍采用了集成结构，即主轴和内啮合齿圈(即内齿圈)结合为一体，第一级通过齿圈和一级轴齿轮内啮合构成内啮合传动机构，实现功率分流，第二级通过传动齿轮和二级轴齿轮啮合构成外啮合传动机构，实现功率合流，同时在一级齿轮轴上通过花键套装传动轴，起到扭力轴的作用，能够有效解决机组振动的问题；最后通过联轴器与发电机轴相连。总体方案结构紧凑、设备体积小、功率密度大,传动系统机械机构图及装配的机组传动系统如图 3.9 和图 3.10 所示。

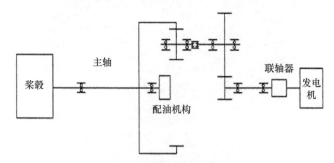

图 3.8　集成式分流合流传动系统机构

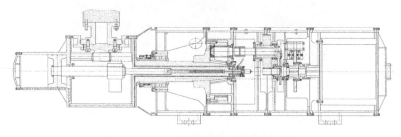

图 3.9　120kW 机组分流合流传动方案

图 3.10　120kW 半直驱液压变桨水平轴海流能发电机组传动系统

2. 一级行星半直驱传动方案

与分流合流传动系统相比，一级行星半直驱传动系统具有结构更加简单、装配更加方便等优点。此外，为提高海流能发电机组的可维护性，机组传动系统常采用模块化结构设计，如主轴模块、联轴器模块、齿轮箱传动模块、发电机模块等，如图 3.11 和图 3.12 所示。

图 3.11　一级行星半直驱海流能发电机组的模块化结构设计

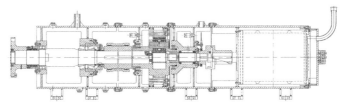

图 3.12　60kW 一级行星半直驱传动方案

在该传动系统中，叶轮主轴采用了两点支撑的结构，并通过弹性联轴器驱动行星传动机构的行星架转动，通过行星轮、固定的内齿圈相互作用，驱动太阳轮旋转，太阳轮通过弹性浮动花键连接，带动发电机旋转发电。图 3.13 为完成的具有大长径比结构特征的 60kW 水平轴海流能发电机组传动系统。

图 3.13　具有大长径比结构特征的 60kW 水平轴海流能发电机组传动系统

3. 两级行星半直驱传动方案

图 3.14 为海流能发电机组两级行星半直驱传动方案,叶轮主轴驱动第一级行星架旋转,第一级太阳轮又驱动第二级行星架旋转,第二级太阳轮带动发电机旋转,从而实现两级增速。主轴模块、第一级行星传动模块、第二级行星传动模块、输出轴及发电机模块之间均采用浮动花键连接,以补偿组件间的相对位移或变形。

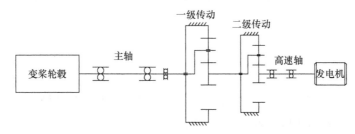

图 3.14　海流能发电机组两级行星半直驱传动方案

图 3.15 为 650kW 水平轴海流能发电机组两级行星半直驱传动方案,其主轴支撑结构仍采用两点支撑结构。图 3.16 是装配完成的 650kW 水平轴两级行星半直驱传动海流能发电机组。

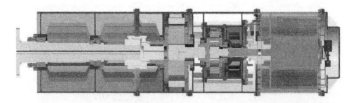

图 3.15　650kW 水平轴海流能发电机组两级行星半直驱传动方案

图 3.16　650kW 水平轴两级行星半直驱传动海流能发电机组

4. 传动系统设计计算

海流能发电机组传动系统的设计除了载荷工况、密封方案、冷却系统和状态监测系统不同外,其计算方法可以参照传统齿轮箱的设计方法,通常包括齿轮参数计算、轴承寿命计算、轴强度计算和外部箱体应力应变分析等[6, 7],具体计算方法见表 3.1。

表 3.1 齿轮强度校核计算

齿轮基本参数	小轮	大轮	齿轮基本参数	小轮	大轮
齿轮传递额定功率/kW	P		齿面平均峰谷粗糙度/μm	R_z	
齿轮额定转速/(r/min)	n_1	n_2	齿根粗糙度算术平均值/μm	R_a	
齿轮法向模数/mm	m_n		齿轮材料	20CrNi2MoA	20CrNi2MoA
分度圆上的螺旋角/(°)	β		齿轮热处理	渗碳淬火	渗碳淬火
分度圆上的法向压力角/(°)	α_n		齿轮表面硬度/HRC	58~62	58~62
啮合齿轮中心距/mm	a		齿根是否喷丸处理	是	是
啮合类型	内啮合、外啮合		第Ⅱ公差组精度等级	6	6
齿轮是否修形	否		第Ⅲ公差组精度等级	6	6
润滑油标定运动黏度	γ_{40}		齿顶高变位系数	x_1	x_2
齿轮齿数	z_1	z_2	材料抗拉强度/MPa	σ_b	
齿轮工作齿宽/mm	b_1	b_2	材料屈服强度/MPa	σ_s	
齿顶圆直径/mm	d_{a1}	d_{a2}			
基节偏差/μm	f_{pb}	f_{pb}			
齿形误差/μm	f_f	f_f			
齿轮刀具参数					
刀具齿顶高/mm	h_{ao}		刀具凸台角/(°)	α_{pro}	
刀具凸台量/mm	P_{ro}		齿顶圆角半径/mm	ρ_{ao}	
齿轮齿面接触应力计算值、许用值及系数					
应用系数 K_A	查表		接触应力尺度系数 Z_X	查表	
动载系数 K_V	$1 + \left(\dfrac{K_1}{K_A \dfrac{F_1}{b}} + K_2 \right) \dfrac{v z_1}{100} K_3 \sqrt{\dfrac{u^2}{1+u^2}}$		接触应力寿命系数 Z_N	查表	
载荷分配系数 K_γ	查表		接触应力润滑系数 Z_L	$C_{zl} + \dfrac{4(1.0 - C_{zl})}{(1.2 + 134/v_{40})^2}$	
端面载荷分布系数 $K_{H\alpha}$	$\dfrac{\varepsilon_{vt}}{2}\left[0.9 + \dfrac{0.4 c_t (f_{pt} + y_a)}{F_{mtH}/b} \right]$		接触应力速度系数 Z_V	$C_{zv} + \dfrac{2(1.0 - C_{zv})}{\sqrt{0.8 + 32/V}}$	

续表

齿轮基本参数	小轮	大轮	齿轮基本参数	小轮	大轮
表面负荷分布系数 $K_{H\beta}$	$1.5K_{H\beta\text{-be}}$		接触应力粗糙度系数 Z_R	$\left(\dfrac{3}{R_{z10}}\right)^{C_{zR}}$	
单对齿轮啮合系数 Z_B/Z_D	查表		齿面工作硬化系数 Z_W	查表	
接触应力区域系数 Z_H	$2\sqrt{\dfrac{2\cos\beta_b}{\cos^2\alpha_t\tan\alpha_{tw}}}$		接触应力疲劳极限 $\sigma_{H\lim}$	查表	
接触应力弹性系数 Z_E	$\sqrt{\dfrac{1}{\pi\left(\dfrac{1-v_1^2}{E_1}+\dfrac{1-v_2^2}{E_2}\right)}}$		接触应力许用值 σ_{HP}	$(\sigma_{H\lim}/S_H)Z_N Z_L Z_V Z_R Z_W Z_X$	
触比系数 Z_ε	$\sqrt{\dfrac{4-\varepsilon_\alpha}{3}}$		接触应力计算值 σ_H	$\sigma_{HO}\sqrt{K_A K_\gamma K_V K_{H\alpha} K_{H\beta}}$	
接触应力螺旋角系数 Z_β	$\sqrt{\dfrac{1}{\cos\beta}}$		接触应力安全系数 S_H	σ_{HP}/σ_H	
齿轮齿根弯曲应力计算值、许用值及系数					
应用系数 K_A	查表		弯曲应力寿命系数 Y_N	查表	
动载系数 K_V	$1+\left(\dfrac{K_1}{K_A\dfrac{F_t}{b}}+K_2\right)\dfrac{vz_1}{100}K_3\sqrt{\dfrac{u^2}{1+u^2}}$		弯曲应力尺寸系数 Y_X	查表	
载荷分配系数 K_γ	查表		弯曲应力设计系数 Y_d	查表	
齿间载荷分布系数 $K_{F\alpha}$	等于 $K_{H\alpha}$		相对切口敏感系数 $Y_{\delta\text{relT}}$	$\dfrac{1+\sqrt{0.2\rho(1+2q_s)}}{1+\sqrt{1.2\rho}}$	
齿向载荷分布系数 $K_{F\beta}$	$(K_{H\beta})^N$		相对表面系数 $Y_{R\text{relT}}$	查表	
弯曲应力螺旋角系数 Y_β	$1-\varepsilon_\beta\dfrac{\beta}{120}$		弯曲应力疲劳极限 σ_{FE}	查表	
弯曲应力齿形系数 Y_f	$\dfrac{6\dfrac{h_F}{m_n}\cos\alpha_{F_{en}}}{\left(\dfrac{S_{Fn}}{m_n}\right)^2\cos\alpha_n}$		弯曲应力许用值 σ_{FP}	$\dfrac{\sigma_{FE}Y_N Y_d}{S_F}Y_{\delta\text{relT}}Y_{R\text{relT}}Y_x$	
弯曲应力修正系数 Y_s	$(1.2+0.13L)q_s^{\frac{1}{1.21+2.3/L}}$		弯曲应力计算值 σ_F	$\dfrac{F_t}{bm_n}Y_F Y_S Y_\beta Y_B Y_{DT}K_A K_\gamma K_V K_{F\alpha} K_{F\beta}$	
			弯曲应力安全系数 S_F	σ_{FP}/σ_F	

根据第 2 章的机组载荷工况表，可以理论计算并统计出海流能发电机组传动系统在全生命周期内的极限载荷及等效疲劳载荷。依据得到的载荷条件，可以开

展齿轮传动系统设计。根据多年来的研究及海上试验结果来看，海流能发电装备的齿轮参数精度等级宜取 5 级或者 6 级，材料选择高强度合金齿轮钢，齿数和螺旋角按实际情况设定。

直驱传动技术最早由德国的 Enercon 公司和挪威的 ScanWind 公司研发并应用于风力发电机，该技术由叶轮直接驱动发电机转动来发电，但由于叶轮转速较低，且同等功率下转速越低，其输出力矩越大，所以发电机需要提供的电磁转矩很大，同时发电机转矩与体积基本成正比，此外还有频率、散热等要求，这就导致直驱型发电机体积往往远大于同等功率下的中高速电机，其磁极数达到几十或上百[3, 8]。

根据发电机的结构形式，直驱型海流能发电机组分为内转子直驱型海流能发电机组和外转子直驱型海流能发电机组，分别如图 3.17 和图 3.18 所示。

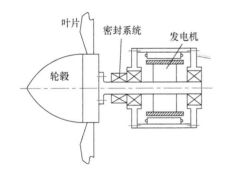 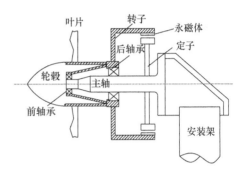

图 3.17　内转子直驱型海流能发电机组　　　图 3.18　外转子直驱型海流能发电机组[9]

如前所述，由于直驱传动方式省掉了齿轮箱传动机构，机组运动部件少，所以有效提高了机组的可靠性，降低了运行维护成本，同时也减少了传动系统的效率损失。但随着机组功率的增加，发电机直径会越来越大，导致发电机的体积、重量增大，材料成本及制造成本等大幅增加。在海流能发电领域，应用该技术方案的研制机构包括早期的英国 Openhydro 公司、加拿大 Clean Current Turbine 公司、德国 Voith 公司等。

3.3　本 章 小 结

本章首先介绍了海流能发电装备传动系统的工况特点和设计要求，然后对常用的海流能传动结构形式及其优缺点分别进行了阐述，最后针对海流能发电机组传动系统要求的可靠性高、传动效率高等特点，重点介绍了半直驱传动技术方案及相关的计算。

参 考 文 献

[1] Orme J A C, Masters I. Design and testing of a direct drive tidal stream generator[J]. Proceedings of the Institute of Marine Engineering Science and Technology, Part B: Journal of Marine Design and Operations, 2005, 9: 31-36.

[2] 王世明, 杨志乾, 田卡, 等. 双向直驱式潮流能发电轮机性能实验研究[J]. 海洋工程, 2017, 35(3): 119-124.

[3] Touimi K, Benbouzid M, Tavner P. Tidal stream turbines: With or without a gearbox?[J]. Ocean Engineering, 2018, 170: 74-88.

[4] Liu H W, Li W, Lin Y G, et al. Tidal current turbine based on hydraulic transmission system[J]. Journal of Zhejiang University (SCI A), 2011, 12(7): 511-518.

[5] Elasha F, Mba D, Togneri M, et al. A hybrid prognostic methodology for tidal turbine gearboxes[J]. Renewable Energy, 2017, 114: 1051-1061.

[6] 饶振纲. 行星传动机构设计[M]. 2 版. 北京: 国防工业出版社, 1994.

[7] 顾海港, 林勇刚, 李伟, 等. 兆瓦级变桨距风力机组齿轮箱的设计[J]. 机电工程, 2006, 23(10): 1-3.

[8] 张兆强. MW 级直驱永磁同步风力发电机设计[D]. 上海: 上海交通大学, 2007.

[9] Teng W, Jiang R, Ding X, et al. Detection and quantization of bearing fault in direct drive wind turbine via comparative analysis[J]. Shock and Vibration, 2016, (5): 1-12.

第4章 水平轴海流能发电装备新型传动技术

海流能发电机组的工况环境和工作特性决定了机组传动系统要承受复杂的载荷冲击，传统的机械传动大多都属于刚性传动，在结构冲击及噪声抑制方面缺点较明显。与之相比，柔性传动技术在降低传动系统载荷冲击、提高功率传递的平稳性及改善电力输出品质等方面，具有明显优势。本章对海流能发电装备中的一些新型柔性传动技术如液压传动、机械液压混合传动技术等进行介绍，并通过部分试验研究验证这类技术的可行性。

4.1 海流能发电装备液压传动技术

液压传动系统一直是海流能发电装备中的研究热点，其在波浪能发电机组中得到了广泛研究，在抑制功率波动方面具有较大优势。而在海流能发电装备及风力发电系统中的研究近年也得到了广泛的关注，例如，德国 Voith Turbo 公司研究的 WinDrive 系统、美国国家可再生能源实验室的 WinPACT(Wind Partnerships for Advanced Component Technologies)研究计划等。此外，美国明尼苏达大学科研小组也在从事风能液压传动系统方面的研究。研究者一致认为，尽管液压传动系统在效率方面低于传统的齿轮传动系统,但液压传动技术在抑制传动系统载荷冲击、平缓功率波动及通过电液控制技术实现机组变速恒频、简化电气系统等方面具有较突出的优势。

4.1.1 液压传动海流能发电机组工作原理

液压传动海流能发电机组的结构组成如图 4.1 所示。从功能上，可以将该发电系统分成四个部分：①由海流能透平装置、密封机构、电液制动及外部箱体等组成的水下捕能系统；②由变量液压泵、蓄能器及变量液压马达、各类阀元件等组成的液压传动系统及其电液控制单元；③由三相永磁同步发电机、电力电子装置及储能单元等组成的离/并网型电气系统；④由机组各类传感器、下位机控制器、上位机控制台及显示单元等组成的控制系统。

从图 4.1 中可以看出，在整套系统中，一次捕能机构位于海水中，变量液压泵及部分状态传感器置于水下机舱内，其余部分均放置在水面以上。与机械传动系统方案相比，液压传动方案除具有功率重量比大、响应快等优点，还具有以下优点[1]：

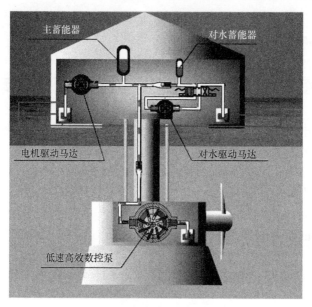

图 4.1　液压传动海流能发电机组的结构组成

(1) 液压传动方案有利于机组的系统性集成或优化。在实际应用中，可以由叶轮和低速液压泵组成水下部件，液压马达及电液控制回路、发电机等均可以置于水面上，从而简化水下机构，省去齿轮箱传动装置，提高水下部件的可靠性，同时水面以上液压传动系统也易于维修。

(2) 液压传动方案是一种"柔性传动"系统，蓄能器具有的"削峰填谷"功能，可以有效抑制海流流速波动及叶轮流固耦合非线性水动力引起的传动系统冲击和振动。

(3) 液压传动系统可以与海流能发电机组的液压变桨系统、液压制动系统有效集成，从而提高整个系统的集成度，降低成本。

(4) 通过电液控制技术对叶轮的转速进行调节，可以实现叶轮的最大能量捕获，有效弥补液压传动效率低的缺点。

(5) 与传统的机械传动方案相比，液压传动系统的传动比是通过液压泵及液压马达的排量选型来确定的，所以对于变量液压泵和变量液压马达，液压传动系统的传动比范围很大，这就使得发电机组可以采用传统的高速低成本发电机，同时保证较高的机电转换效率。

4.1.2　海流能发电机组液压传动系统设计

1. 海流能发电机组液压传动系统工作原理

以作者团队研制的 4kW 液压式海流能发电机组为例,对液压传动系统进行设计及分析。该机组液压传动系统组成及工作原理如图 4.2 所示。变量液压泵在海流能透平的驱动下转动，输出具有一定压力的油液并经液压管道流入变量液压马达，驱动马达转动从而带动发电机工作。在旋转透平和变量液压泵之间是否需要机械增速机构取决于变量液压泵额定转速的大小。系统中蓄能器主要起吸收液压冲击、减小压力和流量脉动及稳定系统工作压力的作用。溢流阀作为安全阀使用，起到了限制系统压力、保护系统的作用。此外，能量传动系统的压力油可以通过方向阀和减压阀为液压变桨系统提供动力源。

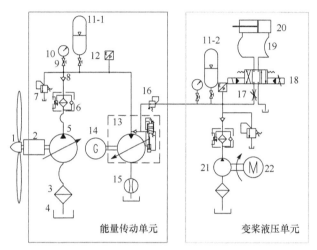

图 4.2　液压传动系统组成及工作原理
1-叶轮；2-增速机构；3-低压过滤器；4-油箱；5-定量液压泵；6-高压过滤器；7-溢流阀；8-单向阀；
9-截止阀；10-压力表；11-蓄能器；12-电接点压力表；13-变量液压马达；14-发电机；15-流量计；
16-减压阀；17-节流阀；18-比例方向阀；19-液压软管；20-变桨液压缸；21-辅助油泵；22-电动机

2. 液压传动系统设计

液压传动系统的最大问题就是效率较低且存在泄漏的问题，而作为一种海流能发电装备的传动系统，又需要具备可靠性、高效性和稳定性等特点，所以海流能发电机组液压传动系统的设计应围绕上述需求特点来展开。

1) 系统集成高效性设计

液压传动系统的效率问题是由系统及液压元件的工作原理决定的，是其固有的属性，但在海流能发电机组的应用上，可以结合海流能发电机组的工作环境、工况特点等对液压传动系统进行有针对性的设计。

液压传动系统的损耗主要集中在液压泵、液压马达的容积泄漏和机械损耗，以及各种液压阀及管路的压力损失，包括介质流动时的内外摩擦力导致的沿程损失和管路局部结构变化导致的液流方向与速度发生突变形成的局部压力损失。

为了从整体上提高系统的效率，设计中可采用以下应对措施：

(1) 避免过多使用液压阀，如图 4.2 所示，在液压泵 5 与液压马达 13 之间除放置用于安全防护的单向阀，没有其他的液压阀，从而降低液压传动系统的压力损失。

(2) 采用上置油箱，保证液压泵具有更好的吸油效果，同时很好地防止外界海水渗透入液压油管。

(3) 通过液压泵及液压马达的变排量控制，进行系统压力及流量的调节，从而使叶轮转速跟踪最大能量捕获曲线；同时使液压泵及液压马达处于较高效率区间。

2) 关键元件的选型

与传统液压泵的驱动原动机不同，海流能发电机组的液压泵是由叶轮直接驱动的，由于叶轮转速及捕获功率都不稳定，故对液压泵的性能提出了较高的要求，如低速大排量、高效率等。液压泵将叶轮捕获的低速大扭矩机械能转换为压力能，传递给高速小扭矩的液压马达。故液压泵作为海流能发电机组的二次能量转换单元，其性能对液压传动系统的效率影响非常大。

以轴向液压泵为例，其最佳效率虽能达到95%，但受海流能发电机组实际工况如变排量条件等的影响，效率变化范围较大。图 4.3 是一台斜轴式液压泵在全排量(图 4.3(a))和 20%排量(图 4.3(b))下的速度-压力-效率云图，从图中可以看出全排量条件下在一定的转速和压力区间内泵的最大效率为92%～96%，而在 20%排量条件下最大效率也只有84%且高效工作区间明显减小，故在选择液压泵时，应考虑系统压力区间及泵能稳定工作的转速区间范围、最低稳定运行转速等，同时机组控制也要兼顾液压泵的高效运行区间。

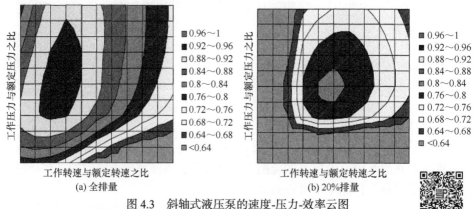

图 4.3　斜轴式液压泵的速度-压力-效率云图

与低速液压泵相比，液压马达可以选择小排量高转速的产品，从而可以直接与常规发电机相匹配。处于水下的液压泵与位于水面之上的液压站之间采用不锈钢液压管连接，其具有耐海水腐蚀、散热性能好等优点。

3) 4kW 海流能发电机组液压传动系统设计

本节首先对 4kW 低速直驱型海流能发电机组液压传动系统进行设计,随后建立该系统仿真模型并对其传动系统特性进行研究。该系统采用了液压闭式传动系统。

(1) 系统压力确定。在该海流能发电机组液压传动系统中,系统工作压力的确定主要取决于发电机的电气负载。

选定发电机额定转速 1000r/min,以系统额定工况点为设计条件,按叶轮捕获功率 4kW,则可基本确定液压马达负载力矩范围。由于液压马达转速与发电机转速一样,故在液压马达选型时,可在液压马达排量、系统压力及效率间进行合理匹配,暂定系统压力为 15MPa。系统压力高,虽然省材料且结构紧凑,但系统泄漏、噪声、可靠性问题将会加剧,同时也提高了部分关键元器件的选型要求。

(2) 液压泵的选型。海流能发电装置液压传动系统是一个比较特殊的液压传动系统,动力源(即叶轮)获取的功率瞬时变化,所以以液压泵型号的选择需充分考虑叶轮功率的最大变化范围,并希望液压泵具有较大的变排量范围及较好的动态响应特性。

叶轮捕获的额定功率 P_r 为 4kW,叶轮设计的额定转速 n_r 为 90.5r/min。液压泵的功率表达式如下:

$$P_r = \frac{p_s Q_{p\_a}}{\eta_{p\_mech}\eta_{p\_vol}} \tag{4.1}$$

由式(4.1)可以得到液压泵理论流量 Q_{p_t} 为

$$Q_{p\_t} = \frac{Q_{p\_a}}{\eta_{p\_vol}} = \frac{P_r \eta_{seal}\eta_{p\_mech}}{p_s} = 12.384(\text{L}/\min) \tag{4.2}$$

式中,η_{seal} 为叶轮主轴密封机械效率,这里近似取值 0.9;η_{p_mech} 为液压泵的机械效率,设为 0.86;p_s 为系统压力;η_{p_vol} 是液压泵的容积效率,可取 0.95。

故可确定液压泵的排量为

$$q_p = \frac{Q_{p\_t}}{n_r} = \frac{12.384 \times 10^3}{90.5} = 136.8(\text{mL}/\text{r}) \tag{4.3}$$

泵的排量比较大,同时要求泵的转速很低,现有的液压泵产品较难满足要求。由于低速大扭矩液压马达与液压泵在结构和工作原理上相似,考虑采用液压马达代替液压泵。本系统选取中航力源液压股份有限公司生产的 L6V160ELFZ20460 斜轴式轴向变量液压马达,排量范围为 46~160mL/r。

(3) 液压马达的选型。对液压马达的选型主要依据发电机的转速及压力要求,转速的选择兼顾液压马达效率、发电机效率和成本的考量。这里选择永磁同步发电机转速为 1000r/min，如果不考虑液压传动系统泄漏，则液压马达的排量计算如下：

$$q_{\mathrm{m}} = \frac{Q_{\mathrm{p\_t}}\eta_{\mathrm{m\_vol}}\eta_{\mathrm{p\_vol}}}{n_{\mathrm{m}}} = \frac{12.384 \times 0.98 \times 0.95}{1000} = 11.5(\mathrm{mL/min}) \tag{4.4}$$

式中，$\eta_{\mathrm{m\_vol}}$ 为液压马达的容积效率，可取 0.98。这里的液压马达选取中航力源液压股份有限公司生产的 L6V28ELFZ20081 斜轴式轴向变量液压马达，其排量范围为 8.1～28mL/r。

(4) 蓄能器的选型。蓄能器主要用于吸收由水流流速变化引起的系统能量波动。设叶轮转速变化小于 4r/min，假设这些转速变化引起的流量波动全部由蓄能器吸收，则蓄能器的工作体积 V_{A} 为

$$V_{\mathrm{A}} = 4 \times 136.8 \div 1000 = 0.55(\mathrm{L})$$

设蓄能器最高工作压力 $P_{\mathrm{a1}} = 20\mathrm{MPa}$，最低工作压力 $P_{\mathrm{a2}} = 10\mathrm{MPa}$，充气压力 $P_{\mathrm{a0}} = 0.65P_{\mathrm{a2}} = 6.5\mathrm{MPa}$，则蓄能器容积可选择如下：

$$V_{\mathrm{a0}} = \frac{V_{\mathrm{A}}\left(\dfrac{1}{P_{\mathrm{a0}}}\right)^{1/n}}{\left(\dfrac{1}{P_{\mathrm{a1}}}\right)^{1/n} - \left(\dfrac{1}{P_{\mathrm{a2}}}\right)^{1/n}} \tag{4.5}$$

假设释放液体过程视为绝热过程，取 n=1.4，则 V_{a0}=1.6L。

(5) 其他附件。取系统额定工作压力 15MPa，溢流阀压力设在 20MPa。管路直径 $d_{\mathrm{t}} \geqslant 2\sqrt{\dfrac{Q}{\pi v_{\mathrm{oil}}}}$，取油液流速 5m/s，得 $d_{\mathrm{t}} \geqslant 7.26\mathrm{mm}$，取 $d_{\mathrm{t}} = 8\mathrm{mm}$。

(6) 补油回路。对于液压闭式系统，补油回路可以补充因系统泄漏而损失的液压油，并通过补油来冷却液压系统，补油泵必须在任何工况下都有足够的液压油补入系统。

对于该液压传动系统，补油泵的油液主要用于补充以下泄漏：液压泵及液压马达的泄漏、溢流阀的泄漏、管道泄漏及其他损失等，并根据系统工况点计算系统所需最小补油量。液压系统长期使用后因磨损造成容积效率下降，系统泄漏量及发热功率增大，因此补油泵设计需留出部分裕量。

液压泵容积损失：

$$Q_{\mathrm{cp}} = Q_{\mathrm{p\_t}}(1 - \eta_{\mathrm{p\_vol}}) = 12.384 \times 2\% = 0.25(\mathrm{L/min})$$

液压马达容积损失：

$$Q_{\mathrm{cm}} = Q_{\mathrm{p\_t}}(1 - \eta_{\mathrm{m\_vol}}) = 12.384 \times 5\% = 0.62(\mathrm{L/min})$$

总容积损失：

$$Q_c = Q_{cp} + Q_{cm} = 0.25 + 0.62 = 0.87(\text{L/min})$$

再考虑溢流阀、管道等泄漏，保守取系统总泄漏量 $Q_c = 1\text{L}/\text{min}$。

所选用的液压马达在回油口没有最高允许压力要求，所以为提高叶轮的启动特性，可适当提高补油系统的补油压力。与液压泵的启动最低压力相对应，补油回路系统压力可设为 1MPa，补油系统溢流阀最高压力可设为 2MPa。

补油回路主要包括补油泵、补油电机及溢流阀、单向阀等。补油泵选择齿轮泵，电机转速为 1400r/min，排量 $q_{gp} = \dfrac{1 \times 1000}{1400} = 0.714(\text{mL/r})$。

补油系统过滤器公称流量为 25L/min，精度为 100μm。补油系统单向阀选用宁波华液 AJ-03-a/50 型 10 通径单向阀，开启压力为 0.05MPa，最大流量为 50L/min。补油管路直径按管内流速 2m/s 计算，可选择 5mm 通径油管。

3. 海流能发电机组液压传动系统性能分析

根据上述完成的低速直驱型海流能发电机组液压传动系统的设计方案，这里建立其数学模型，并对该闭式液压能量传动系统的能量传递特性进行研究。

1) 系统数学模型

叶轮与液压泵的系统动力学特性为

$$T_{\text{tur}} - T_{\text{pump}} = J_{\text{tur}} \dot{\omega}_{\text{tur}} \tag{4.6}$$

式中，T_{pump} 是泵的输入力矩；T_{tur} 是叶轮转矩；J_{tur} 是叶轮处的等效转动惯量；ω_{tur} 是叶轮的转速。泵排量 q_{pump}、系统压力 p_s 与上述力矩的关系如下：

$$T_{\text{pump}} = p_s q_{\text{pump}} \tag{4.7}$$

$$T_{\text{tur}} = \frac{\dfrac{1}{2} \rho S v_\infty^3 C_p \left(\dfrac{\omega_{\text{tur}} R}{v_\infty} \right)}{\omega_{\text{tur}}} \tag{4.8}$$

将式(4.7)和式(4.8)代入式(4.6)可得

$$\omega_{\text{tur}} = \frac{1}{J} \int (T_{\text{tur}} - p_s q_{\text{pump}}) \mathrm{d}t = \frac{1}{J} \int \left(\frac{\dfrac{1}{2} \rho S v_\infty^3 C_p \left(\dfrac{\omega_{\text{tur}} R}{v_\infty} \right)}{\omega_{\text{tur}}} - p_s q_{\text{pump}} \right) \mathrm{d}t \tag{4.9}$$

式中，$C_p \left(\dfrac{\omega_{\text{tur}} R}{v_\infty} \right)$ 是表征叶轮能量捕获特性的系数，它与叶轮转速和水流流速有

关，叶轮能量捕获系数较难拟合且准确性难以保证，所以在仿真过程中通常采用查表方式获取。

式(4.10)给出了液压马达转矩方程：

$$p_s q_{motor} - T_{gen} = J_{motor} \dot{\omega}_{gen} \tag{4.10}$$

式中，q_{motor} 为液压马达排量；T_{gen} 为负载力矩也就是发电机的电磁反力矩；J_{motor} 为液压马达轴上的等效转动惯量；ω_{gen} 为液压马达转速。

液压系统流量存在以下关系，即液压泵输出流量等于液压马达流量、蓄能器流量、系统溢流流量和系统泄漏流量之和，此外还要考虑引起系统压力变化的流量：

$$Q_{pump} = Q_{motor} + Q_a + Q_{yl} + Q_{xl} + \frac{V_h}{E_h} \frac{dp_s}{dt} \tag{4.11}$$

式中，Q_{pump} 为液压泵的输入流量；Q_{motor} 为液压马达流量；Q_a 为蓄能器流量；Q_{yl} 为系统溢流流量；Q_{xl} 为系统泄漏流量；V_h 为液压传动系统的容积；E_h 为液压油弹性压缩模量。

蓄能器内液体运动方程如下[2]：

$$p_s - p_a = \rho \frac{1}{F_a} \frac{dQ_a}{dt} + RQ_a \tag{4.12}$$

式中，F_a 为蓄能器的管路面积；R 为液阻，等于 $\frac{128\mu l}{\pi d^4}$，l 为液阻流通长度，d 为液阻直径，μ 为动力黏性系数；ρ 为油液密度；p_a、Q_a 分别为蓄能器内的压力及瞬时流量。

为提高系统传动效率，通过参数设计尽量不发生系统溢流，所以忽略系统泄漏并不考虑溢流作用后，式(4.11)可以写为

$$q_{pump} \omega_{tur} = q_{motor} \omega_{gen} + Q_a + \frac{V_h}{E_h} \frac{dp_s}{dt} \tag{4.13}$$

由此可见，系统压力 p_s 由液压泵的转速即叶轮转速 ω_{tur}、液压泵排量 q_{pump}、蓄能器内外压差 Δp_a 及液压马达转速 ω_{gen}、液压马达排量 q_{motor} 共同决定。它作为中间变量被消除后，根据式(4.6)和式(4.10)，发现通过分别控制液压泵和液压马达的排量可以实现叶轮转速和发电机转速的控制。

2) 系统仿真研究

根据式(4.6)和式(4.8)，搭建叶轮仿真模型如图4.4所示。

液压系统仿真模型在建模仿真工具 AMESim 下建立，参数设置依据前面的理论计算及数学模型分析，建立的仿真模型如图4.5所示。

仿真用的海流流速曲线如图4.6所示。为了使叶轮捕获最大能量，就要调节叶轮转速使之保持最佳叶尖速比，通过速度反馈调节液压泵的反力矩达到控制转速的目的，图4.7为该流速下的叶轮转速曲线。

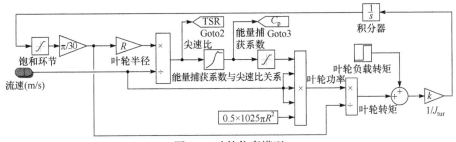

图 4.4　叶轮仿真模型

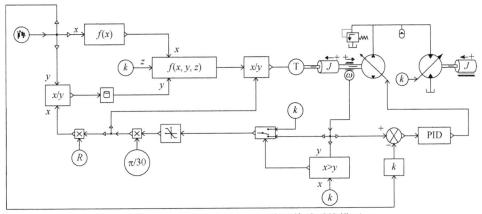

图 4.5　4kW 海流能发电机组液压传动系统模型

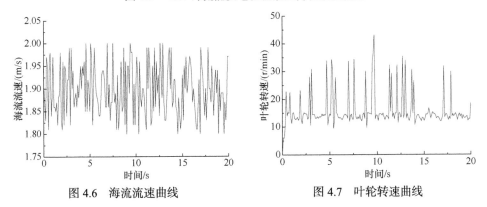

图 4.6　海流流速曲线　　　　图 4.7　叶轮转速曲线

　　图 4.8 为分别考虑蓄能器和不考虑蓄能器的情况下液压系统的功率曲线。从图中可以看出，不带蓄能器的液压系统功率波动较大，而加入蓄能器后，通过吸收系统压力脉动并短期释放压力，发电机的输出功率基本稳定，起到了"削峰填谷"的作用。

　　下面研究蓄能器参数改变对系统性能的影响。图 4.9 为预充压力一定，设置蓄能器容积分别为 1.6L、3L、5L、10L 的液压传动系统功率曲线，可以看出，随

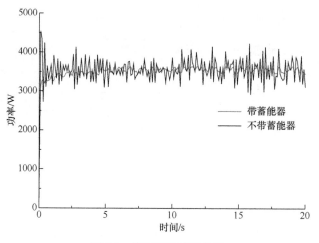

图 4.8　液压系统功率曲线

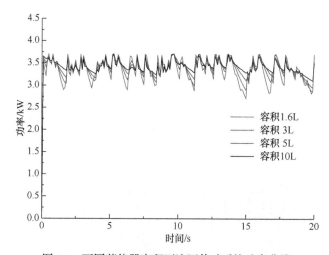

图 4.9　不同蓄能器容积下液压传动系统功率曲线

着容积的增大，液压传动系统功率波动明显减小。

　　图 4.10 为蓄能器容积一定，设置蓄能器预充压力分别为 65bar[①]、100bar、150bar 的液压传动系统功率曲线，可以看出，随着预充压力的增大，液压传动系统功率出现明显波动。仿真结果表明，只有合理选择蓄能器的结构参数和工作参数才能有效稳定系统输出功率，减小波动。

　　图 4.11 为叶轮在图 4.6 流速下的叶轮能量捕获系数曲线，其值在 0.4 左右波动。图 4.12 为液压传动系统的工作压力曲线，其工作压力约 15MPa，与设计值基本吻合。

---

　　① 1bar=10^5Pa。

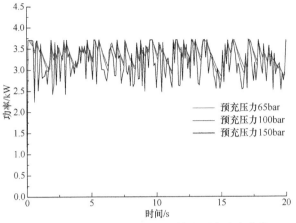

图 4.10　不同预充压力下液压传动系统功率曲线

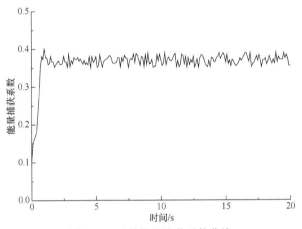

图 4.11　叶轮能量捕获系数曲线

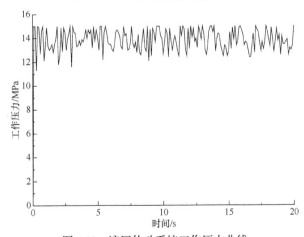

图 4.12　液压传动系统工作压力曲线

图 4.13 为叶轮捕获功率与发电机输出功率对比曲线。

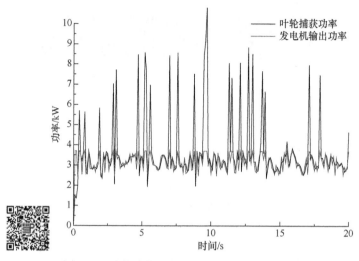

图 4.13　叶轮捕获功率及发电机输出功率曲线

以上 4kW 海流能发电机组仿真研究结果表明，液压传动系统在抑制功率波动、实现叶轮转速和发电机转速调节方面具有较好的性能。值得注意的是，本仿真中假设了液压传动系统稳态工作特性，并设置了固定的液压泵及液压马达机械效率与容积效率，但在实际工作过程中，这些效率都是与系统的工作压力密切相关的，所以在系统的关键部件选购及其性能测试上仍有待深入研究。

4kW 海流能发电机组液压传动系统实物图如图 4.14 所示。

图 4.14　4kW 海流能发电机组液压传动系统实物图

4.2　海流能发电装备机械液压混合传动技术

机械液压混合传动可在较高流速时发挥机械传动效率高的长处,在流速变化时利用电液控制系统响应快、力矩大、平稳性好的优点实现系统的参数控制[3]。相对海流能发电机机械齿轮箱传动故障率高,直驱电机体积、造价偏高,纯液压传动效率偏低等缺点,机械液压混合传动技术方案可较好地处理效率、可靠性和功率平稳性等问题,形成一种基于新原理的海流能发电机组传动模式,具体技术特点有以下几方面:

(1) 机械液压混合传动技术方案具有功率分流合流的特点。通过针对海流能发电机混合传动系统设计的功率分流合流齿轮机构,将捕获功率合理分成机械功率和液压功率两部分,再合流驱动发电机运转,可以达到机械部分主要传递功率、液压部分主要吸收波动的效果。

(2) 机械液压混合传动原理和技术方案具有良好的变速运行特性。由于与传统齿轮传动不同,混合传动存在两个自由度,因此输入轴与输出轴转速可通过改变整体传动比来进行调节,这样可以通过适当的控制策略,实现发电机的恒频率输出和叶轮的最大能量捕获,从而适应海流能发电机组并网及高效运行的要求。

(3) 机械液压混合传动原理和技术方案具有优良的吸收转矩波动特性。在高流速下,通过动态调节系统负载,使混合传动系统转矩波动能够被液压系统吸收,从而实现降低机组齿轮箱故障率及维护频率、延长机组旋转部件工作寿命的目标。

4.2.1　机械液压混合传动系统方案

本混合传动系统方案由第 I 级行星传动、第 II 级定轴传动和机械液压混合行星传动机构(第Ⅲ、IV 和 V 级)组成。第 I 、II 级主要是为提高液压泵的输入转速,第Ⅲ级是完成功率流合流、机械液压混合传动的关键部件,在第Ⅳ级和第 V 级完成功率合流功能,如图 4.15 所示,SG 代表永磁同步发电机。

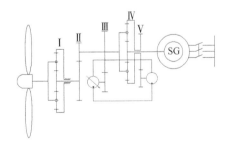

图 4.16 为机械液压混合传动系统的结构原理图。平行轴齿轮将输入功率分流给变量液压泵和行星架,通过行星传动内齿圈实现功率合流,齿圈及行星架功率合流至太阳

图 4.15　机械液压混合海流能发电机组
示意图

轮,由太阳轮驱动发电机转动发电。为简化分析,忽略系统中库仑摩擦、黏性摩擦以及液压系统泄漏,考虑系统达到稳态时各参数之间的关系。对图 4.16 所示行星齿轮机构进行动力学分析,其齿圈、行星架和太阳轮之间的转速以及转矩关系为[4]

$$\begin{bmatrix} 1 & k & -(1+k) \end{bmatrix} \begin{bmatrix} \omega_{su} \\ \omega_{ri} \\ \omega_{ca} \end{bmatrix} = 0 \tag{4.14}$$

$$T_{ca} : T_{ri} : T_{su} = (1+k) : k : 1 \tag{4.15}$$

式中，k 为齿圈与太阳轮齿数之比；ω_{su} 为太阳轮转速；ω_{ri} 为齿圈转速；ω_{ca} 为行星架转速；T_{su} 为太阳轮转矩；T_{ri} 为齿圈转矩；T_{ca} 为行星架转矩。

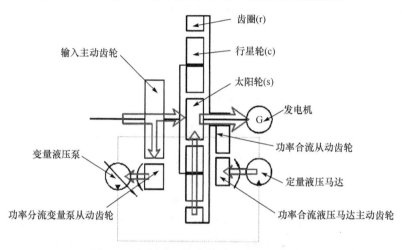

图 4.16　机械液压混合传动系统结构原理图

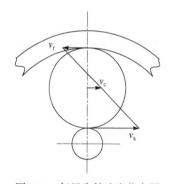

图 4.17　行星齿轮速度分布图

确定行星轮系中功率流的正负，需利用功率计算公式：

$$P=T\omega \tag{4.16}$$

在海流能发电机组混合传动系统中，要实现功率从行星架和齿圈汇合到太阳轮的效果，根据行星齿轮变速器分析方法可确定：行星架为功率输入，转矩、转速均为正；太阳轮为功率输出，转矩为负，转速为正；齿圈为功率输入，转矩为负，转速也为负。可确定行星齿轮速度分布如图 4.17 所示，转矩、转速及功率正负分布见表 4.1。

表 4.1　行星齿轮转矩、转速及功率正负分布表

结构名称	转矩	转速	功率
行星架	+	+	+(输入)
太阳轮	−	+	−(输出)
齿圈	−	−	+(输入)

结合以上分析，考虑力矩平衡方程，以及齿轮转速与传动比的关系，功率分流处(图 4.16)各元件的转矩、转速关系如下：

$$\begin{cases} T_1 - T_{Me} - T_{Hy} = 0 \\ \omega_{pu} = i_1 \omega_1 \\ T_{pu} = \dfrac{T_{Hy}}{i_1} \\ \omega_{ca} = \omega_1 \\ T_{ca} = T_{Me} \end{cases} \tag{4.17}$$

式中，T_1 为输入转矩；T_{Me} 为分配至机械部分的转矩；T_{Hy} 为分配至液压部分的转矩；ω_{pu} 为变量液压泵的转速；i_1 为第一级平行轴齿轮增速比；ω_1 为输入转速；T_{pu} 为变量液压泵转矩。

根据行星齿轮各部件的转矩以及转速关系，可得到功率合流处各元件的转矩、转速关系如下：

$$\begin{cases} T_{ca} : T_{ri} : T_{ge} = (1+k) : k : 1 \\ T_{ri} = i_3 T_{mo} \\ \omega_{ge} = \omega_{su} = (1+k)\omega_{ca} + k\omega_{ri} \\ \omega_{ri} = \dfrac{\omega_{mo}}{i_3} \end{cases} \tag{4.18}$$

式中，T_{ge} 为发电机输入转矩；i_3 为输出端平行轴齿轮增速比；T_{mo} 为液压马达输出转矩；ω_{ge} 为发电机转速，它等于太阳轮的转速 ω_{su}；ω_{mo} 为液压马达转速。

变量液压泵的转矩 T_{pu} 和液压马达转矩 T_{mo} 可表示如下：

$$\begin{cases} T_{pu} = V_{pu} p_s \\ T_{mo} = V_{mo} p_s \end{cases} \tag{4.19}$$

式中，V_{pu} 为变量液压泵的排量；V_{mo} 为液压马达的排量；p_s 为系统压力。

联立以上三个方程组，可得到系统中转矩参数表达式如下：

$$\begin{cases} T_{mo} = \dfrac{kV_{mo}T_1}{ki_1 V_{pu} + i_3 V_{mo}(1+k)} \\ T_{ge} = \dfrac{i_3 V_{mo}T_1}{ki_1 V_{pu} + i_3 V_{mo}(1+k)} \\ T_{Hy} = \dfrac{ki_1 V_{pu}T_1}{ki_1 V_{pu} + i_3 V_{mo}(1+k)} \\ T_{Me} = \dfrac{(1+k)i_3 V_{mo}T_1}{ki_1 V_{pu} + i_3 V_{mo}(1+k)} \end{cases} \tag{4.20}$$

定义机械功率与总输入功率的比值

$$\eta_{Me} = \frac{P_{Me}}{P_1} = \frac{T_{Me}\omega_1}{T_1\omega_1} = \frac{T_{Me}}{T_1} = \frac{(1+k)i_3V_{mo}}{ki_1V_{pu} + i_3V_{mo}(1+k)} \tag{4.21}$$

式中，P_{Me} 为机械传输功率；P_1 为系统输入总功率。

式(4.21)说明机械液压功率分配与机械部分传动比以及液压泵、液压马达的排量相关，变量液压泵排量 V_{pu} 及其前端增速比 i_1 越大，液压系统分配功率越多；液压马达排量 V_{mo} 及其与齿圈的增速比 i_3 越大，机械系统分配到的功率越多；在取值范围内 k 的值越小，机械系统分配到的功率越多。因此，在混合传动系统结构设计中，在条件允许的范围内应该尽量减小 i_1、k，尽量增大 V_{mo}、i_3，以使机械部分传递尽量多的功率。

4.2.2　机械液压混合传动变速及能量稳定输出机理

机械液压混合传动海流能发电机组总体控制方案为：当流速小于切入流速时，叶片节距角等于 90°，处于顺桨状态；当流速大于切入流速时，海流能发电机组启动，首先通过变桨与变量液压泵的排量控制，保证发电机转速稳定在同步转速，实现并网，之后通过控制变量液压泵的排量使叶轮变速运行，从而实现海流能发电机组的最大功率捕获；当叶轮转速达到额定转速，功率仍小于额定值时，海流能发电机通过控制变量液压泵的排量使叶轮转速继续保持不变，直到机组输出功率达到额定值；当流速大于额定流速时，通过控制变量液压泵的排量和叶片节距角，使海流能发电机组功率稳定，具体而言，就是由变桨系统实现叶轮捕获功率的稳定，由变量液压泵的变排量控制来缓冲流速波动引起的能量冲击；当流速大于切出流速时，叶片顺桨，海流能发电机组实现正常停机。

总而言之，通过液压系统排量调节来改变系统总传动比的多模态转速控制策略，理论上可以实现同步发电机转速控制以及叶轮最大功率追踪，省略传统发电系统中变频器这一高故障率元件；同时利用液压系统柔性传动特点，通过调节变量液压泵的排量使液压系统吸收叶轮的功率波动，保证机械系统传动转矩不变，从而降低机组传动系统故障率及维护频率。

1. 机械液压混合传动变速机理

在机械液压混合传动系统中，其变速控制是通过液压系统中变量液压泵排量调节来实现的，因为转速易于调节，故这里采用同步发电机。

忽略液压系统的泄漏，变量液压泵-液压马达流量连续方程为

$$V_{pu}\omega_{pu} = V_{mo}\omega_{mo} \tag{4.22}$$

同时，根据式(4.17)，变量液压泵的转速也可表示为

$$\omega_{\mathrm{pu}} = i_1\omega_1 \tag{4.23}$$

对于行星轮系，其各部件之间的转速关系为

$$\omega_{\mathrm{su}} = (1+k)\omega_1 + \frac{k}{i_3}\omega_{\mathrm{mo}} \tag{4.24}$$

由以上三个方程，即可得到太阳轮转速(即输出转速)为

$$\omega_{\mathrm{ge}} = \omega_{\mathrm{su}} = (1+k)\omega_1 + \frac{ki_1V_{\mathrm{pu}}}{i_3V_{\mathrm{mo}}}\omega_1 = \frac{ki_1V_{\mathrm{pu}} + (1+k)i_3V_{\mathrm{mo}}}{i_3V_{\mathrm{mo}}}\omega_1 \tag{4.25}$$

即系统的总传动比 $i = \dfrac{ki_1V_{\mathrm{pu}} + (1+k)i_3V_{\mathrm{mo}}}{i_3V_{\mathrm{mo}}}$。当系统结构确定之后，除变量液压泵排量 V_{pu}，其余皆为定值。总传动比随着变量液压泵排量增大而增大，其特性曲线如图 4.18 所示。由图可知，并网之前输入转速变化时，可调节变量液压泵排量改变系统传动比，从而使同步电机转速稳定在并网转速，实现并网。

并网之后，发电机转速恒定，根据传动比函数可得到输入转速(即对应叶轮转速)与变量液压泵排量的关系曲线如图 4.19 所示。从图中可知随着变量液压泵排量增大，输入转速减小，因此根据实际运行中并网发电的最低输入转速 $\omega_{1\_\min}$，找到对应的变量液压泵最大排量 $V_{\mathrm{pu\_max}}$，则可得到输入转速的范围为 $\omega_{1\_\min} \sim \dfrac{1}{1+k}\omega_{\mathrm{su}}$，变量液压泵的排量调节范围为 $0 \sim V_{\mathrm{pu\_max}}$。由于输入转速与变量液压泵排量是一一对应的关系，所以在不同流速下，可通过调节变量液压泵排量改变叶轮转速达到最佳叶尖速比，从而实现变速控制。

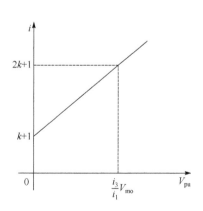
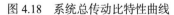
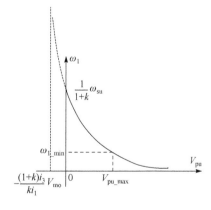

图 4.18　系统总传动比特性曲线　　　　图 4.19　变量液压泵调速特性曲线

对系统进行建模仿真，分析其在机组变速运行时的特性。图 4.20 为仿真流速，在该流速时的叶轮转速响应特性如图 4.21 所示。

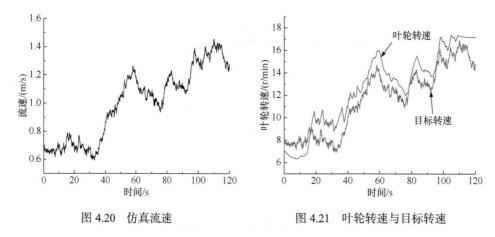

图 4.20　仿真流速　　　　　图 4.21　叶轮转速与目标转速

从 4.21 可以看出，尽管存在一定的稳态误差，但转速跟踪具有较好的稳定性和一致性。图 4.22 和图 4.23 给出了叶轮的能量捕获系数及对应的功率，能量捕获系数曲线表明叶轮较好地实现了最佳捕获的目的，而功率也达到了预期目标。

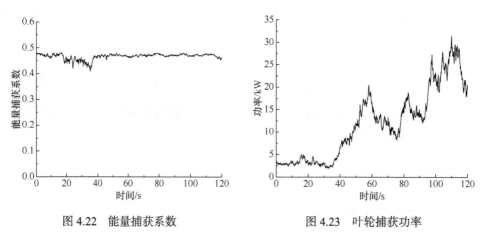

图 4.22　能量捕获系数　　　　　图 4.23　叶轮捕获功率

2. 机械液压混合传动能量稳定输出机理

由第 2 章的叶轮理论可知，对某一特定的流速，对应着一个特定的叶轮转速使叶轮达到最佳叶尖速比，进而获得最大的能量捕获系数。然而，由于叶轮噪声以及结构强度等的限制，叶轮转速存在一个最大允许转速。当流速上升使得叶轮转速达到设定的最大值时，叶轮转速将不能继续升高，此时进行叶轮的恒转速但变转矩控制，直到输出功率达到额定值。在此过程中，变量液压泵的排量调节需要兼顾叶轮转速控制，也要在流速波动较大时适当调节以吸收转矩冲击。由于流速升高，叶轮所受转矩将增大，所以该过程捕获功率也将增大。当叶轮捕获功率达到

系统额定功率时,通过变桨控制系统实现叶轮
捕获功率的稳定(后面章节具体介绍),此时变
量液压泵排量调节以吸收叶轮转矩波动为主。

根据式(4.17),机械与液压转矩之和即输
入转矩,因此机械转矩、液压转矩与变量液压
泵排量的关系如图 4.24 所示。当变量液压泵
排量为零时,液压转矩为零,机械转矩最大;
随着变量液压泵排量增大,液压系统转矩增
大,机械系统转矩降低。

当输入转矩在 Δt 时间内变化 ΔT_i 时,理
想状态是此扰动完全被液压系统吸收,而机械
传动的转矩维持不变。由式(4.20)有

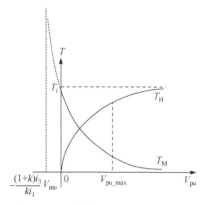

图 4.24　机械转矩、液压转矩与变量
液压泵排量特性曲线

$$\Delta T_i = \Delta T_{Hy} = \frac{ki_1(V_{pu}+\Delta V_{pu})(T_1+\Delta T_i)}{ki_1(V_{pu}+\Delta V_{pu})+i_3 V_{mo}(1+k)} - \frac{ki_1 V_{pu} T_1}{ki_1 V_{pu}+i_3 V_{mo}(1+k)} \tag{4.26}$$

忽略高阶小量,可得到变量液压泵排量变化为

$$\Delta V_{pu} = \frac{i_3 V_{mo}(1+k)}{ki_1 T_1}\Delta T_i \tag{4.27}$$

因此,当变量液压泵排量相应地变化 ΔV_{pu} 时,转矩扰动 ΔT_i 完全被液压系统
吸收,机械系统仍然维持原来的转矩不变,因此可以有效地保护机械结构。

在传统海流能发电机组中,通过调整叶片节距角来改变叶片受到的载荷以及
叶轮捕获功率。但是由于实海况中流速变化频繁,变桨机构也需要不断动作以跟
踪流速变化才能抑制载荷的波动,而叶片的频繁动作对变桨机构是不利的。此外,
叶片节距角与能量捕获系数的非线性关系、变桨系统及叶片的大惯量都使得载荷
控制方法执行起来较为复杂。在本节介绍的机械液压混合传动系统中,叶片节距
角采用分段控制,即一段流速对应一个固定的节距角,而这样做的目的是尽量减
少变桨机构的频率动作。而当叶片节距角不变但流速有小幅度波动时,可以通过
调节液压系统中变量液压泵排量来控制负载转矩,以吸收对机械系统的冲击,并
通过蓄能器"削峰填谷"实现输出功率的相对稳定。

下面以图 4.25 给出的流速曲线研究机械液压混合传动时的能量输出过程,给
定流速从 1.7m/s 逐渐增加到 3.2m/s。

机组额定流速为 2m/s,当流速低于额定流速时,机组变排量控制实现最大能
量捕获;当流速大于额定流速时,变桨系统开始动作。由图 4.26 的节距角变化曲
线可以看出,随着流速的增加,叶片节距角以粗调的方式逐步分段增大,以降低
叶轮捕获功率。当流速等于额定流速时,机组开始变桨,目标节距角为 2°,变桨

速度约为 6°/s。为提高系统鲁棒性，引入迟滞函数模块，这样流速的轻微波动不会导致节距角的频繁变化，从而可以减少变桨机构过度磨损。

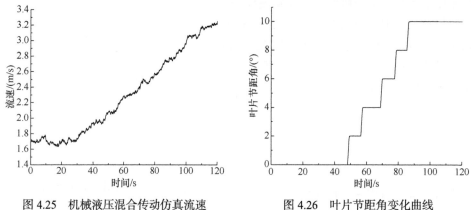

图 4.25　机械液压混合传动仿真流速　　　　图 4.26　叶片节距角变化曲线

图 4.27 为变量液压泵的排量信号，排量的快速变化是在变桨的基础上以细调的方式让叶轮捕获功率稳定在额定功率附近。在变桨系统与变量调节机构的双重作用下，叶轮转速维持在 17.22r/min 左右(图 4.28)。变桨过程中，叶轮的能量捕获系数随着叶片节距角的增大而减小(图 4.29)，从而达到限制功率捕获的目的。

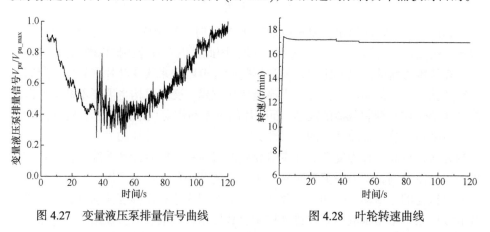

图 4.27　变量液压泵排量信号曲线　　　　图 4.28　叶轮转速曲线

叶轮捕获的功率如图 4.30 所示，结合图 4.29 中的叶轮能量捕获系数曲线，发现通过该传动系统和变桨机构可以实现额定流速以下时的最佳功率捕获和额定流速以上时的恒功率控制。

图 4.31 为发电机输出功率曲线。从图中可以看出，发电机功率与叶轮捕获功率相比，具有较好的稳定性，这一方面可以归结于传动系统的惯性，另一方面是由机械液压混合传动系统的液压转矩调节功能完成的。同时通过叶轮功率与发电机功率曲线对比，可以发现该型传动系统在额定流速附近具有较高的传动效率。

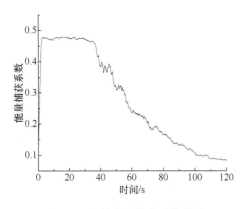

图 4.29　叶轮能量捕获系数曲线

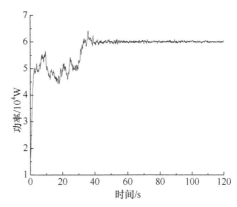

图 4.30　机械液压混合传动叶轮捕获功率

图 4.32 为混合传动系统功率流分配曲线。从图中可以看出，机械功率较为稳定，叶轮捕获功率中抖动部分被液压系统所吸收，对机械旋转部件起到了较好的保护作用；液压功率幅值较小，占总体传递的功率比例约 10% 以内，大部分能量通过机械系统传递，实现了混合传动系统高效而平稳的运行。

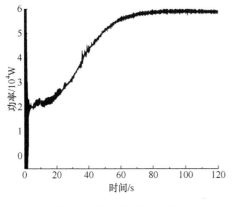

图 4.31　发电机输出功率

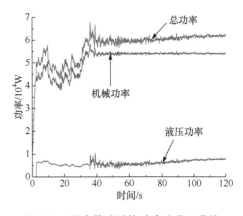

图 4.32　混合传动系统功率流分配曲线

4.2.3　机械液压混合传动系统试验

1. 试验台原理(半物理试验)

机械液压混合传动系统试验采用半物理试验方法，试验台使用变频电机拖动方式，模拟海流能发电机组叶轮旋转。总体试验方案如图 4.33 所示，该试验台主要包括拖动系统、混合传动系统以及电气系统、控制系统等主要部分。

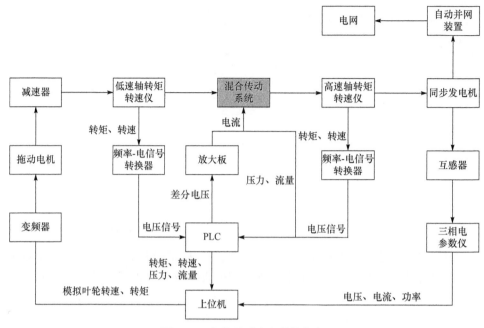

图 4.33　半物理试验台总体方案

　　基于叶轮的在线数字模型，实时生成混合传动系统的输入转矩即叶轮转矩。分别记录混合传动系统输入轴、输出轴的转矩和液压系统的压力、流量等。可编程逻辑控制器(programmable logic controller，PLC)采集这些信号数据并将其传输给上位机，上位机基于反馈的转速及设定的流速曲线、叶轮特性等，输出叶轮转矩信号给原动机变频器。同时 PLC 根据反馈转速信号、功率信号及设定的控制算法，调节变量液压泵排量，对混合传动系统的功率调节以及功率稳定输出控制策略进行验证。

2. 变速控制试验

　　变速控制试验的目的是验证混合传动系统的变速调节功能。该试验以发电机转速作为目标量，在输入转速发生阶跃变化以及连续变化的条件下，通过控制变量液压泵排量实现发电机转速稳定。分别观察记录两种情况下变量液压泵的排量调节情况以及发电机转速变化情况。

　　首先给出阶跃输入下的发电机转速响应特性。图 4.34 是阶跃输入转速，图 4.35 为此输入条件下的发电机转速，表明发电

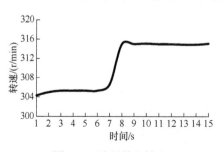

图 4.34　阶跃输入转速

机转速在电液控制的作用下较为平稳。在此过程中的变量液压泵排量控制信号变化如图 4.36 所示。

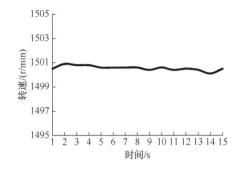

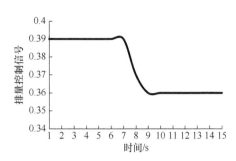

图 4.35　阶跃输入转速下的发电机转速　　图 4.36　变量液压泵排量控制信号

下面是输入转速随机变化情况(图 4.37)下的仿真研究。图 4.38 发电机转速响应特性，由图可知，发电机转速也具有较好的稳定性。此过程中的变量液压泵排量控制信号变化如图 4.39 所示。

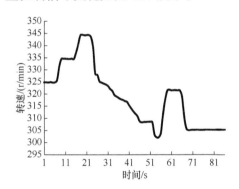

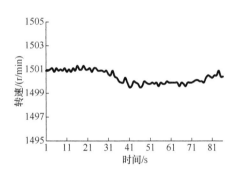

图 4.37　输入转速随机变化情况　　图 4.38　发电机转速变化情况

上述试验表明，在输入转速阶跃以及连续变化的情况下，变量液压泵的排量能够及时响应，使发电机的转速保持在额定转速 1500r/min 附近。

3. 能量稳定输出试验

能量稳定输出试验的目的是验证当海流能发电机组的叶轮转速达到额定值时，可以通过调节变量液压泵的排量对波动过大的转矩进行吸收。试验过程中，对拖动

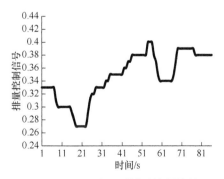

图 4.39　变量液压泵排量控制信号

电机进行转矩控制，使输入转矩在 380～500N·m 连续随机变化，观察记录变量液压泵的排量调节情况、输出力矩情况，并和机械部分的力矩进行对比。

　　图 4.40 和图 4.41 分别为给定的随机输入转矩和相应的输出转矩。图 4.42 和图 4.43 给出了低速端液压环节、机械环节的转矩和功率分配情况，可以看出，机械部分传递了大部分的扭矩和功率，而液压部分主要是吸收转矩和功率的波动。图 4.44 给出了发电机的转速变化情况，尽管输入转矩有较大的波动，但发电机转速仍可控制在相对稳定的额定值附近。

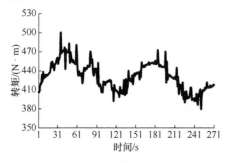

图 4.40　输入转矩变化情况

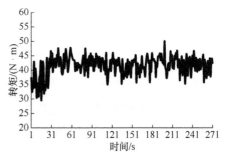

图 4.41　输出转矩变化情况

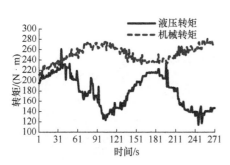

图 4.42　低速端液压和机械转矩分配情况

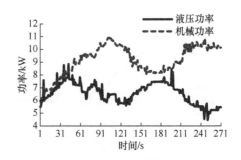

图 4.43　液压和机械传输功率对比

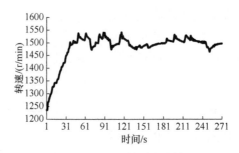

图 4.44　发电机转速变化情况

4.3　本章小结

　　本章对纯液压传动及机械液压混合传动技术在海流能发电装备中的应用研究进行了介绍，液压传动技术在机组的功率稳定及最大能量捕获控制方面具有一定的优势。本章对纯液压传动及机械液压混合传动技术的工作原理、设计方法及其在海流能发电装备中的应用研究进行了介绍。最后通过部分试验研究对纯液压传动、机械液压混合传动技术在机组功率控制、发电机转速控制等方面的应用进行了验证。

参 考 文 献

[1] 李伟，马舜，林勇刚，等. 一种基于液压传动的海流发电变速恒频方法及其装置: 中国, ZL200810120483.3[P]. 2010.

[2] 李玉琳. 液压元件与系统设计[M]. 北京: 北京航空航天大学出版社, 1991.

[3] Liu H W, Lin Y G, Shi M S, et al. A novel hydraulic-mechanical hybrid transmission in tidal current turbines[J]. Renewable Energy, 2015, 81(9): 31-42.

[4] 饶振纲. 行星传动机构设计[M]. 2 版. 北京: 国防工业出版社, 1994.

第5章 水平轴海流能发电装备的密封设计

海流能发电装置是一种以捕获海水动能来发电的电能供给装置，所以水下密封技术是海流能发电装置的关键技术之一，它可以有效防止外部海水对机组内机械部件及电气系统的损害。海流能发电装置所处的海洋工作环境使得更换密封件极不方便且维护成本相对较高，而且一旦密封失效会导致较严重的后果，所以海流能发电机组对水下密封的可靠性要求极高；但反之，如果一味追求密封的可靠性或过度的冗余，又会导致过多的密封损耗。合理可靠低耗的密封结构是海流能发电装备长期可靠高效运行的重要保障条件之一，本章根据作者多年海流能发电装备的研制基础，对常用的海流能发电装备密封机构及其测试方法进行介绍。

5.1 常规组合密封方案

海流能发电机组密封单元的设计或选型主要围绕以下几个问题，一是密封的可靠性问题，二是尽量低的摩擦损耗，三是密封件的现场可维护性。

根据被密封部件间是否存在相对运动，水下密封可分为静密封和动密封两种。静密封通常使用在如电缆出线、液压管路接头、齿轮箱体和箱面、发电机机壳等部位，目前的静密封方法相对简单而且成熟。与静密封相比，动密封的难度比较大，如叶轮主轴与机舱之间主轴承部位的动密封、变桨轴承处的动密封等。

在旋转轴与箱体接合处，可以通过多层组合密封的方式提高密封的可靠性。图 5.1 是浙江大学 2010 年开发的防尘环+三层密封+压差防渗的组合密封方案，隔圈材料采用青铜，密封轴套采用铬钢。该方案既可以防止海水浸入齿轮箱，又可以防止箱体内的油液流出污染海水。同时各个密封圈之间由挡圈隔开，挡圈上有可以输入并储存润滑油的油孔，可外接压力油用于改善密封组件的内外压力条件，从而提高密封可靠性。

该密封方式结构紧凑，可以实现双向密封，密封件材料的选择与外围元件的防腐、配合工艺及内外压力平衡机构设计是该型密封成功应用的关键。同时增加的高硬度密封衬套，可以有效增加密封的使用寿命。该方案在浙江大学 60kW、120kW 等系列化海流能发电机组中得到了应用，同时在密封材料的选择上考虑了海水含沙量及海水介质兼容性的影响[1]。

为了考虑密封组件的可维护性，对上述结构进行了改进。图 5.2 是改进后的防尘环+四层密封+压差防渗的组合密封方案，与上述方案相比，该密封结构采用了模块化设计，更便于现场的更换。

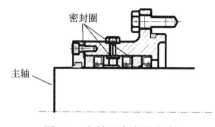

图 5.1　主轴组合密封方案

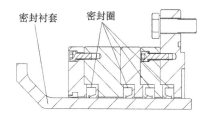

图 5.2　四层密封圈的主轴组合密封方案

5.2　带压差平衡的组合密封方案

与传统密封环境不同，海流能发电机组在水下要承受一定的外部压力，并且随着安装水深的不同，压力也不同。为了提高密封系统的可靠性，理想情况下应该保证密封单元内外压差的平衡，所以有必要设计内外压差平衡机构，并配置密封失效检测或冗余机构。

1. 带内外压差平衡的三层组合密封结构设计

图 5.3 为通过重力油及压缩空气实现齿轮箱内外压力平衡的密封系统。通过给箱体内通入一定压力的气体或润滑油，使得箱体内的内压与外部海水压力相平衡，从而改善机组各个密封环节单侧承压的不利负载情况[2,3]。该方案比较适合海流能发电机组这类水下发电装置，在主轴箱段可以采用上置式油箱以提高所需的密封压力。同时，为了降低箱体后续部分的密封难度，可以采用单向阀逐级减压的方法。

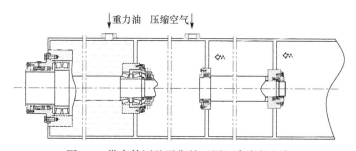

图 5.3　带内外压差平衡的三层组合密封方案

图 5.4 给出了一种基于上述压差平衡方案的带漏水检测及压力反馈的动密封结构。该方案中，在靠近主轴承的位置增加了密封保险机构，该保险结构通过进

气道接入具有一定压力的气体，该压力采用闭环控制，其预设压力可由控制系统根据检测到的外部环境压力来设定。此外，还增设漏水检测传感器，该传感器放置在主轴承的前端，可有效预警密封失效，从而保护主轴承。

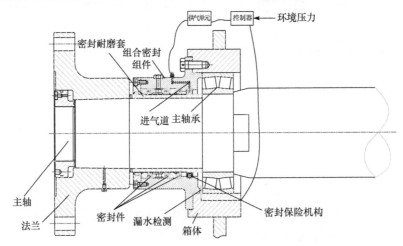

图 5.4　带漏水检测及压力反馈的动密封结构

在图 5.4 中，正常状态下，主轴与箱体间的密封由组合密封组件来保证，此时的密封保险机构内没有预充压力气体，即密封保险机构处于非密封状态。假如组合密封组件失效，漏水传感器检测到漏水，就将漏水信号传递给控制系统，控制器启动供气单元对保险密封机构进行充气，并通过闭环控制实现气体压力恒定。当气体压力达到一定程度后，密封保险结构的唇口与主轴接触并密封，从而保证了传动系统的密封冗余性。

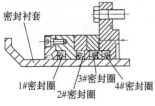

图 5.5　四层密封圈的内充压
辅助密封方案

2. 带内外压差平衡的四层组合密封圈的压力密封

为了进一步提高主轴动密封的可靠性，并提高密封组件的易维护性，对上述密封结构进行了优化，如图 5.5 所示。通过对 3#密封圈增加压力，在提高其可靠性的同时，也可以保证 4#密封圈的两边压力一致，起到备用密封圈的作用。即使 3#密封圈出现损坏，4#密封圈也可保证系统的可靠运行，从而提供了机组密封的冗余性。

5.3　密封系统的可靠性测试

每一个密封结构方案都需要在加压水池或加压水舱内进行反复的密封可靠性

测试。

对于新装配的机组，尽管采用了经过试验验证的密封方案，但考虑到装备工艺及工人操作水平的差异，每台机组出厂前都需要进行密封功能测试。通常的做法有两种：一是根据机组所处的水深位置，注入与其周围海水压力相近或比其压力略高的压缩空气，以肥皂水浸浇密封接合面，查看机组接合面是否存在漏气现象；二是检查系统的保压能力，给密封箱体内充入压力气体后，放置 48h 以上，根据气体压力的变化情况，判断密封容腔是否存在泄漏情况。图 5.6 为 25kW 海流能发电机组的厂内密封测试，根据机组试验水深条件，试验压力采用 0.5MPa 的气体压力(对应水深为 50m)。

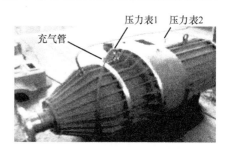

图 5.6　传动系统气密性试验

5.4　本 章 小 结

海流能发电装备的密封单元是机组长期稳定运行的关键部件。机组密封包括接合面之间、传动系统各子部件之间的静密封和叶轮主轴与箱体之间、变桨机构处及配油机构单元的动密封。本章重点对海流能发电装备的动密封技术进行了介绍，该技术已被应用于系列化样机的海上试验。为了验证机组密封系统的可靠性，本章也给出了用于机组动密封、静密封可靠性测试的陆上检测方案，实海况应用也证明了该检测方案的可用性。

参 考 文 献

[1] Gu Y J, Liu H W, Li W, et al. Integrated design and implementation of 120-kW horizontal-axis tidal current energy conversion system[J]. Ocean Engineering, 2018, 158: 338-349.

[2] Xu Q K, Liu H W, Lin Y G, et al. Development and experiment of a 60kW horizontal-axis marine current power system[J]. Energy, 2015, 88: 149-156.

[3] 顾海港, 刘宏伟, 李伟, 等. 一种海流能发电装置的水下密封方法: 中国, ZL201110287674.0[P]. 2012.

第 6 章　水平轴海流能发电装备测试技术

海流能发电装备受恶劣海洋环境、复杂机组工况等因素影响，机组主要部件会经受周期性载荷和非周期性随机载荷的交变作用。对于生命周期内的载荷谱尚未完全掌握的海流能发电机组，这种载荷往往会导致部件提前出现疲劳甚至故障停机等问题。所以，机组部件装配或下水前非常有必要开展部件性能和结构方面的测试。按照先后顺序，机组测试可分为三个阶段：①关键部件测试；②整机陆上并网测试；③实海况测试。开展关键部件的陆上测试并通过陆上加载系统复现机组在水中时的载荷工况，可有效验证各个关键部件设计的合理性。海流能发电机组的关键部件包括叶轮、传动系统、控制系统及变桨系统、电气系统等，本章主要对前两类关键部件的测试进行介绍，而变桨系统测试将在第 7 章进行论述，电气系统考虑到可以借鉴风机变流器且该技术较成熟，本书不再赘述。

6.1　海流能发电机组叶轮测试技术

叶轮部分的测试可以分为叶片水动力性能测试(如叶轮能量捕获效率、轴向力特性等)，以及叶片机械结构测试(如强度测试、振动测试等)和载荷测试等。

6.1.1　叶轮能量捕获效率测试技术

由于海洋环境的恶劣性及不可控的特性，验证叶片设计初期的水动力特性，往往是在实验室水槽进行测试，并通过水槽造波系统或栅格等对海洋环境的波流耦合特性、湍流特性等进行模拟，来对比分析叶片在真实海况环境下的能量捕获特性，图 6.1 为南安普敦大学的测试系统[1]。尽管由于水槽试验的局限性，无法准确模拟海洋环境，但对于验证叶片设计理论的正确性还是具有较高的可信性。

对机组效率的测试，受功率等级、测试方案等的限制，基本上都是在实验室水槽内的模型样机上完成的。图 6.2 为叶轮能量捕获效率研究用到的转矩转速仪。转矩转速仪安装在叶轮与主轴法兰之间，可以直接获得叶轮的转速和转矩，从而结合流场特征，完成对叶轮的功率特性分析。转速转矩信号通过电刷滑环传送给采集仪。

图 6.1 南安普敦大学水槽叶轮水动力性能测试   图 6.2 转矩转速仪

通过叶轮前方栅格改变来流的湍流特性，并在叶轮前后布置多普勒声学流速测量仪，从而得到叶轮前方的来流特性和叶轮后方的涡流特性，为叶轮的流场特性分析提供数据。

在实海况测试中，由于海流能发电机组工作环境恶劣，再加上机组功率较大，通常无法直接获取叶轮侧的转速和转矩，因此需要在部件出厂时首先获取传动系统效率 μ_{tr}、电气系统效率 μ_{el} 及发电机效率 μ_{gene} 等，得到其在不同转速、不同负载条件下的效率曲线，然后根据实海况测试结果，用发电机输出功率除以各个单元部件的效率间接获得叶轮的捕获功率，即

$$P_{tur} = P_{gene}/(\mu_{gene}\mu_{el}\mu_{tr}) \tag{6.1}$$

图 6.3 为浙江大学 60kW 海流能发电机组海上叶轮功率捕获性能测试方案。

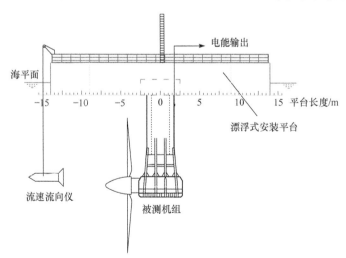

图 6.3 浙江大学 60kW 海流能发电机组的叶轮水动性能测试

从试验实测数据(摘录自中国船级社《试验见证报告》)中，取四个时刻的近似平均流速 1.8m/s 和平均功率 44kW(表 6.1)，根据厂内测试结果，此时的发电机

与电气系统的总效率为 95%,传动系统效率为 92%,即可推断出叶轮此时的能量捕获系数。

表 6.1　60kW 机组实测数据

时间	电压/V	电流/A	功率/kW	流向/(°)	流速/(m/s)	发电量/(kW·h)
...	...	...	...	...	...	...
2014/8/21 22:12:56	355.2	2.29	1.0876	67.2	0.69	13663
2014/8/21 22:12:57	357	2.50	1.1754	67.2	0.70	13663
2014/8/21 22:12:58	355.6	2.32	1.0086	67.2	0.80	13663
...	...	...	...	...	...	...
2014/8/22 0:39:41	426.5	56.05	43.56	74.2	1.82	13703
2014/8/22 0:39:42	426.5	56.05	43.56	74.2	1.71	13703
2014/8/22 0:9:43	427.7	58.14	43.92	74.2	1.83	13704
2014/8/22 0:39:44	425.9	54.37	42.82	74.2	1.75	13704
...	...	...	...	...	...	...

6.1.2　叶片机械结构强度测试技术

与叶片的水动力测试相比,叶片的机械结构强度测试较多的是在陆地上进行,这与传统的风力发电机叶片测试方法基本类似,但测试结果的准确性极大地取决于理论载荷与叶片实际工作载荷的一致性。

以极限应力测试为例,在叶片上施加等效的模拟载荷,测量叶片各截面处的应力情况,从而获得叶片的极限应力。为保证与实海况运行时的叶片受载情况尽量接近,测试样片及其安装方法与实海况运行时基本一致,并制订合理的叶片加载方案(图 6.4)。图 6.5 为叶片加载测试照片,将叶片的吸力面朝上安装,通过加载夹具(多点加载时还需要扁担)将施加的模拟载荷分布到叶片上[2]。

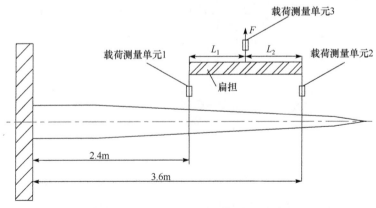

图 6.4　120kW 叶片强度测试加载方案

图 6.5　叶片加载试验照片(挥舞方向加载试验)

以浙江大学研制的 120kW 海流能发电机组为例,表 6.2 给出了叶片在挥舞方向上的极限载荷加载步骤。加载前需要平衡叶片和夹具引起的重力载荷,将叶片加载至自然状态下(即 0%名义载荷下)将各测点的值置零,并测量在自重和夹具重量下的挠度。在每个加载阶段,记录下叶片各个截面的应变和叶尖挠度值,并判断挠度和应变等是否正常。加载结束后,再次测量叶片在自重和夹具重量下的应变及挠度。

表 6.2　挥舞方向试验载荷增量

加载序号	加载步骤	2.4m 处加载力/kN	3.6m 处加载力/kN	总载荷/kN
1	0%名义载荷	0	0	0
2	40%名义载荷	8	15.4	23.4
3	60%名义载荷	12	23.1	35.1
4	80%名义载荷	16	30.8	46.8
5	100%名义载荷	20	38.5	58.5
6	80%名义载荷	16	30.8	46.8
7	60%名义载荷	12	23.1	35.1
8	40%名义载荷	8	15.4	23.4
9	0%名义载荷	0	0	0

现场测试照片及破坏性试验结果如图 6.6 所示。加载完成后检查叶片外观结构是否有裂纹等,并将试验结果与理论设计值进行对比,用于修正叶片的设计方法或改进结构工艺、加工方法等。

图 6.6　叶片极限强度测试(破坏性试验)

图 6.7 给出了实测的 120kW 叶片各个截面的应变分布，试验中分别记录了叶片吸力面和压力面主梁帽上的应变。

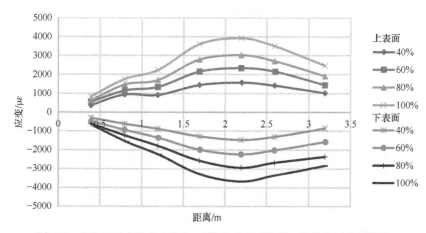

图 6.7　叶片上下表面应变分布(正值为吸力面数据，负值为压力面数据)

从图 6.7 不难发现，在承受挥舞方向的载荷时，叶片主梁帽位置的应变从叶根处开始逐渐增大，在距离叶根 2.2～2.6m 的区间内达到最大，然后向叶尖方向逐渐降低。各阶段载荷作用下，应变的分布与变化趋势均趋于一致，说明了试验结果的可信性。

将试验过程中 100%名义载荷作用下得到的仿真结果与本试验值进行对比，如图 6.8 和表 6.3 所示。

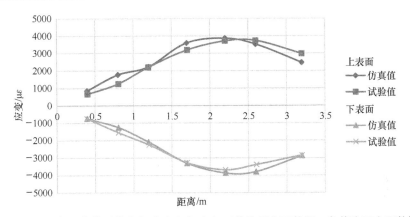

图 6.8　100%名义载荷下仿真与试验应变对比(正值为吸力面数据，负值为压力面数据)

表 6.3　仿真与试验应变偏差分析

位置/m	吸力面应变		偏差/%	压力面应变		偏差/%
	仿真值/$\mu\varepsilon$	试验值/$\mu\varepsilon$		仿真值/$\mu\varepsilon$	试验值/$\mu\varepsilon$	
0.4	−684	−706	3.22	665	847	27.37
0.8	−1203	−1572	30.67	1250	1766	41.28
1.2	−2053	−2245	9.35	2170	2231	2.81
1.7	−3265	−3276	0.34	3182	3593	12.92
2.2	−3819	−3672	−3.85	3702	3894	5.19
2.6	−3730	−3362	−9.87	3711	3485	−6.09
3.2	−2868	−2822	−1.60	2965	2454	−17.23

　　由表 6.3 可以发现，100%名义载荷作用下，吸力面和压力面仿真结果与试验结果基本上能很好地吻合，除 0.4m 压力面位置、0.8m 吸力面和压力面位置(由于根部结构复杂且工艺具有不确定性，叶片根部误差较大)，其他各测试点计算结果与试验结果的偏差大多在 ±13%以内。

6.1.3　叶轮载荷测量技术

1. 叶轮载荷直接测量方案

　　由于水流密度是空气密度的 800 倍，较小的流速变化也会引起较大的轴向力波动。此外，轴向力也是机械结构设计选型的重要依据。为了有效验证载荷计算的合理性和提高结构设计可靠性，需要开展机组叶轮轴向力测试工作。图 6.9和图 6.10 分别为浙江大学在 50W 比例样机上开展的机组叶轮转速转矩和轴向力测试方案[3]。在该测试系统中，通过测量机组安装架的应变量来获取叶轮轴向力，这也是在工业应用中常用的方法之一。而在前述图 6.1 中的南安普敦大学水槽测试中，是通过测量叶片根部的应力应变来获取轴向力的，二者各有优缺点。

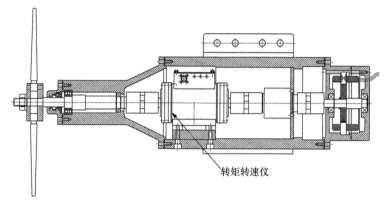

图 6.9 叶轮转速转矩测试方案

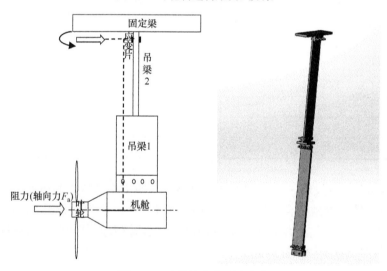

图 6.10 叶轮轴向力测试方案

在图 6.10 中，由于吊梁 1 设计的抗弯截面系数比较大，可以认为基本不发生弯曲或与吊梁 2 相比可以忽略，提高了结构刚度。轴向力 F_a 在应变片处可等效为一个剪切力 F_s 和一个等效力矩 M_y。

根据材料力学知识 $M_y = F_a H$，只要测得应变片处的弯矩 M_y，即可知道海流能发电装置叶轮产生的轴向力 F_a。

根据所设计矩形截面的应力应变关系，即可求得轴向力如下：

$$F_{a} = \frac{Ebh^2}{18H} \varepsilon \qquad (6.2)$$

式中，E 为钢板的弹性模量；b 和 h 分别为吊梁横截面的长度和宽度；ε 为应变；H 为叶轮中心至应变片的距离。

2. 基于平台姿态的装备载荷间接测量技术

对于漂浮式海流能发电机组，通过测量平台的姿态可以间接获取机组轴向载荷，该测量载荷除了用于海流能发电装备的设计，还可以用于漂浮式平台的姿态控制、机组载荷控制和平台的优化设计等。

该方法的基本思路是，获取平台及装备的动力学模型，得到风/浪载、机组轴向力等外部激励载荷与平台位移/速度/加速度等之间的定量关系。依据该定量模型关系，通过实测平台的运动学参数、环境参数等，就可以逆向获得海流能装备的轴向载荷。

1) 漂浮式平台动力学分析及模型

为了通过平台姿态测量来获得机组载荷，需要对平台水动力学性能进行分析。漂浮式平台在海洋环境中，受到海流/波浪、机组轴向载荷、叶轮非对称载荷、锚链拉力等作用，发生姿态倾斜、振动等响应。鉴于机组的非对称载荷中偏航力矩与俯仰力矩同源，在分析过程中，主要考虑为 y 向和 x 向的受力情况。图 6.11 为漂浮式平台的受力示意图。

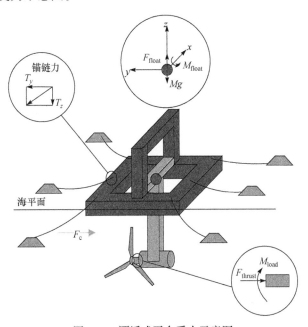

图 6.11　漂浮式平台受力示意图

y 方向的浮体动力学方程如下：

$$F_{\text{thrust}} \cos\theta_x + F_{\text{c}} + \sum_{i=1}^{6} T_{yi} \cos\lambda_i = (M_{\text{p}} + m_{\text{f}})\ddot{y} + D_y \dot{y} \qquad (6.3)$$

式中，F_{thrust} 为机组轴向载荷；θ_x 为平台绕 x 轴的倾斜角；F_{c} 为冲刷力；T_{yi} 为锚链拉力的 y 方向分量；λ_i 为锚链拉力水平分量和平台 y 方向的夹角；M_{p} 为平台质量；m_{f} 为平台运动附加质量；D_y 为 y 方向阻尼。

z 方向的浮体动力学方程如下：

$$F_{\text{float}} - Mg - F_{\text{a}} \sin\theta_x - \sum_{i=1}^{6} T_{zi} = M_{\text{p}}\ddot{z} + D_z \dot{z} \qquad (6.4)$$

式中，F_{float} 为平台浮力；D_z 为平台在 z 轴方向运动的阻尼；T_{zi} 为锚链拉力 z 方向分量。

以平台质心为矩心，建立漂浮式平台绕 x 轴旋转的动力学方程如下：

$$M_{\text{float}} - F_{\text{a}} h_{\text{a}} + F_{\text{c}} d_{\text{c}} + \sum_{i=1}^{6} M_{\text{a}i} = J_{\text{p\_}x}\ddot{\theta}_x + D_{\text{p\_}x}\dot{\theta}_x \qquad (6.5)$$

式中，M_{float} 为由平台倾斜浮力造成的回复力矩；h_{a} 和 d_{c} 分别为轴向载荷 F_{thrust} 和冲刷力 F_{c} 与质心的距离在 xy 平面上的投影；$J_{\text{p\_}x}$ 为船体对 x 轴的转动惯量；$D_{\text{p\_}x}$ 为船体旋转阻尼；$M_{\text{a}i}$ 为锚链张力相对于质心的转矩。

由于漂浮式平台结构复杂，其质量、转动惯量与质心位置等参数不宜通过理论计算来准确估算，所以这里通过平台三维建模来获取漂浮式平台的这些物理参数。根据平台的初步设计方案，建立的平台三维模型如图 6.12 所示。

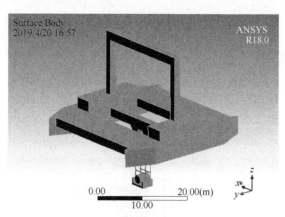

图 6.12　平台设计方案三维模型

根据平台的钢板厚度及现场实际装置分布，对模型进行集中质量和分布质量设置，继而在 ANSYS 软件中进行建模并得到平台的物理参数。

接下来求解式(6.4)中漂浮式平台的浮力。图 6.13 为平台在俯仰角为 θ_x 时的受力图，根据该图，平台受到的浮力可以表示如下：

$$F_{\text{float}} = \int dF_{\text{float}} = 2\int_0^H \rho g(z + h\sin\theta_x)W(h)dh + 2\int_0^H \rho g(z - h\sin\theta_x)W(h)dh \quad (6.6)$$

式中，z 为平台质心在竖直 z 方向的位移；$W(h)$ 为平台宽度。化简可得

$$F_{\text{float}} = \rho gAz \quad (6.7)$$

式中，A 为平台水平切面面积。

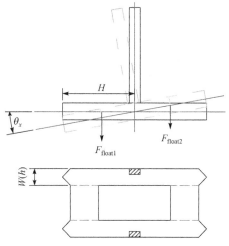

图 6.13 平台在俯仰角为 θ_x 时的浮力

平台浮力引起的回复力矩表示如下：

$$M_{\text{float}} = -2\int_0^H \rho g(z + h\sin\theta_x)h\cos\theta_x W(h)dh + 2\int_0^H \rho g(z - h\sin\theta_x)h\cos\theta_x W(h)dh$$

$$(6.8)$$

化简可得

$$M_{\text{float}} = 2\int_0^H \rho g h^2 \sin(2\theta_x)W(h)dh \quad (6.9)$$

根据上述分析，以及平台动力学模型、惯性特性、锚链力、浮力、流载荷等数学模型，在 MATLAB/Simulink 中搭建平台系统的动力学模型，如图 6.14 所示。

根据轴向载荷输入，得到不同的平台姿态输出，仿真结果如图 6.15 所示。仿真结果表明，机组轴向推力与俯仰角的线性关系较好。考虑到平台俯仰角的测量比较简单且易于测得，所以机组的低频轴向载荷可以根据平台俯仰角稳态值变化来计算得到。

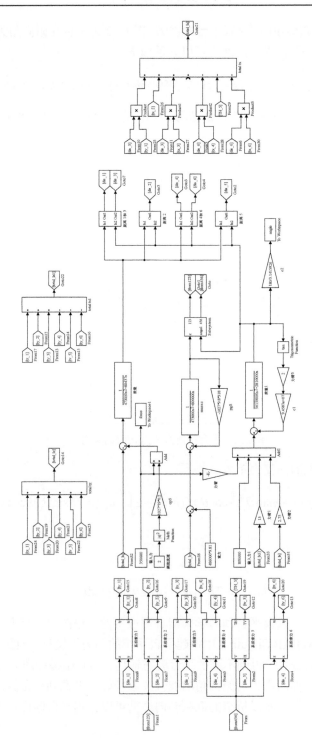

图6.14 平台系统MATLAB/Simulink仿真模型

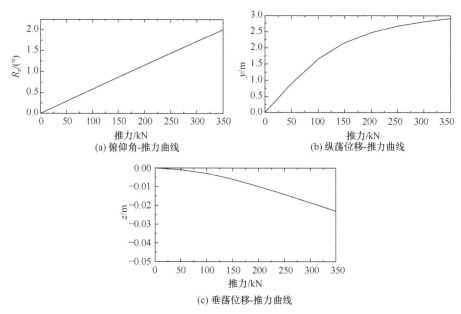

(a) 俯仰角-推力曲线　　　　　　　　(b) 纵荡位移-推力曲线

(c) 垂荡位移-推力曲线

图 6.15　平台姿态在 MATLAB/Simulink 下的仿真结果

Simulink 模型是基于理论力学模型搭建的数字仿真模型，这里也可以运用针对平台系统动力学性能仿真的商业仿真软件，对平台的响应进行分析。ANSYS 软件的 AQWA 模块主要用于各种结构的水动力特性分析，特别是在求解浮体波浪力方面有较为广泛的运用。在对浮体平台进行 Simulink 仿真后，再运用 AQWA 模块对仿真结果进行对比和验证。通过 ANSYS AQWA，建立漂浮式平台的多点系泊模型，分析在不同轴向载荷的情况下平台的位姿响应。

ANSYS AQWA 中的漂浮式平台模型图 6.16 所示。

图 6.16　海上漂浮式平台在 ANSYS AQWA 下的系泊模型

平台位姿与载荷输入的仿真结果如图 6.17 所示。仿真结果表明，ANSYS AQWA 的仿真结果与基于理论模型的 MATLAB/Simulink 仿真结果吻合度较高，再次从理论

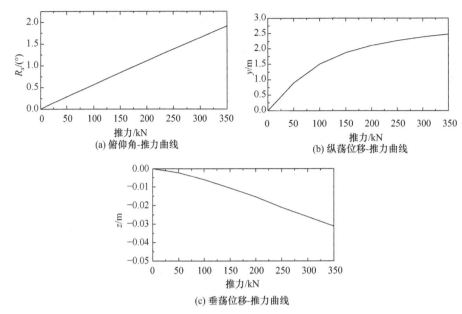

(a) 俯仰角-推力曲线

(b) 纵荡位移-推力曲线

(c) 垂荡位移-推力曲线

图 6.17　海上漂浮式平台姿态在 ANSYS AQWA 下的仿真结果

上验证了通过平台稳态俯仰角来推算机组的低频轴向载荷方法的可行性。

同时, MATLAB/Simulink 和 ANSYS AQWA 的仿真结果也都给出了平台纵荡方向以及垂荡方向的刚度, 为高频载荷的计算提供了支持。

2) 载荷在线测量原理及系统组成

针对处于恶劣海洋环境下的海流能发电装备载荷难以测量及发电装置多种载荷相互耦合、各激励载荷频率不同的特点, 对基于"平台姿态法"的发电装备载荷提取方法进行研究, 即运用六自由度数字型姿态传感器对刚性浮体平台姿态进行在线直接测量, 获取平台姿态信息, 采用欧拉角坐标变换, 将测得的运动坐标系下的平台动力学响应变换至惯性坐标系下, 再结合各发电装置的运动特征(如叶轮转速、浮力摆周期等), 采用频率分离法等辨识手段间接获取平台环境载荷及各类发电装置的激励载荷, 系统工作原理如图 6.18 所示。

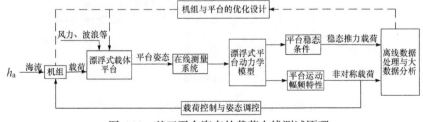

图 6.18　基于平台姿态的载荷在线测试原理

　　该测试方法本质上是一种逆求解过程,其中包括动力学逆问题、基于模型的间接测量方法。测试系统主要包括两大部分,即传感器系统(硬件部分)和信号处理系统(软件部分)。其中,硬件部分主要包括双轴倾角传感器、三自由度加速度传感器、地磁场传感器、转速传感器(光电编码器)、流速流向仪(及其二次仪表)以及上位机;软件部分包括信号传输模块,对不同的传感器提供不同的通信接口,信号处理与数值计算模块对传感器信号进行处理,并根据理论模型进行载荷逆求解;数值显示与存储对载荷进行可视化显示,并提供载荷控制接口,同时对平台姿态原始数据和载荷数据进行存储,以供离线机组和平台的优化设计。基于平台姿态的载荷在线测试系统组成如图 6.19 所示。图 6.20 为利用六自由度双轴数字姿态传感器对平台进行测量。依据平台姿态在线测试方法的载荷分析过程,如图 6.21所示。

图 6.19　基于平台姿态的载荷在线测试系统组成

图 6.20　平台姿态测量点遴选

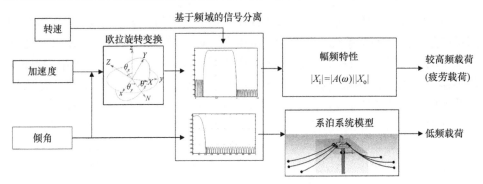

图 6.21　载荷求解过程

　　对平台倾角进行高频过滤,并根据前述姿态数值仿真建立的平台姿态响应与输入载荷的关系,即可推导机组的低频轴向推力载荷;根据转速,设计滤波器,提取倾角和加速度信号中的疲劳载荷成分,频域内剔除高频噪声、波浪载荷等成分,根据理论推导的系统幅频特性,可计算得到较高频的疲劳载荷;根据信号相位差,完成同频信号分离,分别得到轴向推力和俯仰力矩的幅值。该方法在国电联合动力技术有限公司与浙江大学联合研制的 300kW 海流能发电机组、杭州江河水电科技有限公司与东北师范大学联合研制的 300kW 海流能发电机组、浙江大学研制的 120kW 变桨型海流能发电机组上完成了测试。

　　图 6.22 是国电联合动力技术有限公司与浙江大学联合研制的 300kW 海流能发电机组现场测试时记录的平台在装备载荷作用下的姿态变化。

图 6.22　300kW 双叶片海流能发电机组与姿态

　　下面给出一个测试周期内的部分测试曲线,图 6.23 为实测的海流流速,图 6.24 为对应的实测平台姿态倾角变化。

　　要获得相对低频的机组轴向推力,俯仰角信号要经过低通滤波器滤掉高频干扰信号,再根据平台整体的旋转刚度,计算得到发电机组的轴向推力,如图 6.25 所示。同时,对平台坐标系下的传感器测得的加速度进行坐标变换,得到静止坐标系下平台的纵荡加速度 a_y,如图 6.26 所示。

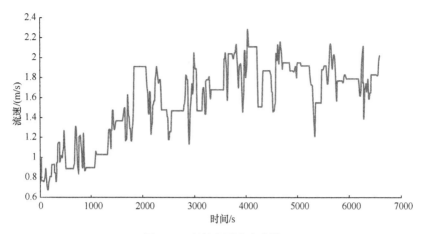

图 6.23 现场实测流速曲线

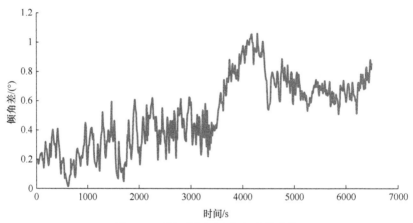

图 6.24 现场实测平台倾角变化曲线

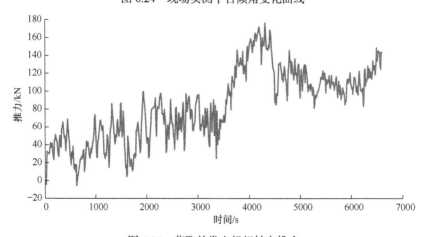

图 6.25 获取的发电机组轴向推力

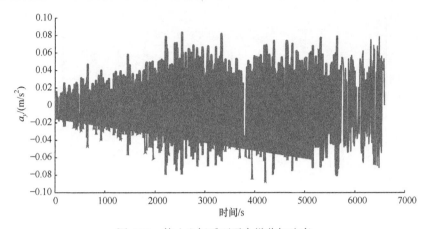

图 6.26 静止坐标系下平台纵荡加速度

对上述加速度信号进行傅里叶变换，得到平台在纵荡方向上的加速度频谱，如图 6.27 所示。

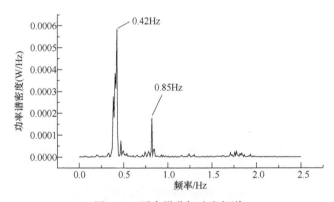

图 6.27 平台纵荡加速度频谱

测试结果表明，随着流速增大，平台 y 方向的纵荡加速度及振动幅值开始变大，同时与机组轴向载荷呈准线性关系的平台俯仰角也明显增大。从平台纵荡加速度频谱图上可以看到两个明显的峰值，即 0.42Hz 和 0.85Hz，其分别对应叶轮转速(约为 12.6r/min)的二倍频和四倍频，这与实测机组转速是完全一致的，表明采用此方法对疲劳载荷进行测量具有较高的信噪比，测试系统具有较优的工作性能。

根据幅频特性对机组轴向推力进行分析，可以得到轴向推力波动的幅值，如图 6.28 所示。

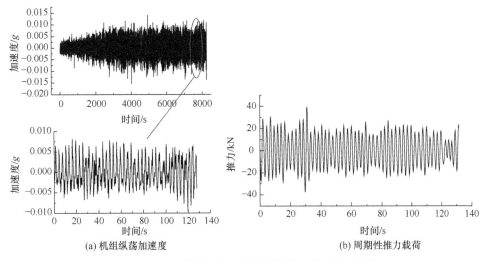

图 6.28　机组纵荡加速度与周期性推力载荷波动幅值

采用 Bladed 软件对机组在 2m/s 时的机组叶轮轴向载荷进行计算，结果如图 6.29 所示。

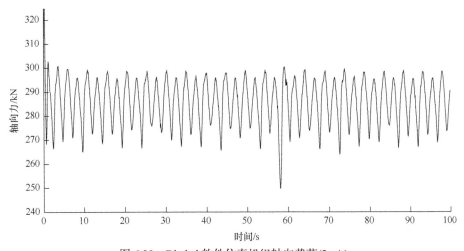

图 6.29　Bladed 软件仿真机组轴向载荷(2m/s)

分析图 6.29 中仿真得到的轴向力，其推力波动幅值约为 35kN，这与图 6.28(b) 中浮动平台姿态测试方法得到的载荷波动幅值 40kN 基本接近。这表明基于平台姿态测量的机组载荷间接测量方法推算的载荷符合理论预期，该方法可以用于漂浮式海流能发电装备实海况条件下的轴向载荷测试，测试结果也可作为发电机组及平台的安全调控依据。

6.2　海流能发电机组传动系统测试技术

本节的传动系统主要是包括主轴、主轴承、齿轮增速机构等在内的将叶轮捕获的动能传输给发电机的重要环节。作为发电装备能量传递环节，传动系统应具有较高的效率和较高的可靠性。因此，对传动系统的测试可以分为两部分，即传动系统的效率、温升、噪声等性能测试，以及传动系统的可靠性及寿命测试。在传动系统加工完成后，需要在陆地上对传动系统进行拖动试验、模拟加载及加速疲劳试验等测试，以验证传动系统设计及加工的合理性。

6.2.1　传动系统厂内性能测试技术

传动系统的厂内性能测试主要完成以下测试内容：

(1) 传动系统的效率测试。作为一种能源装备的传动系统，其高效性是重要的评价指标，除了传统的摩擦阻尼、搅油损失，海流能发电机组的传动系统不同部位会配置各种密封机构。通过测量输入端(叶轮主轴端)和输出端(发电机输入端)的功率，即可得到传动系统的效率。在实际测试中，由于叶轮主轴端转矩较大，无法选择合适的扭矩仪，所以通常是先测量辅助齿轮箱输入端的转矩，然后考虑辅助齿轮箱的效率，间接获得叶轮主轴的输入功率或转矩，如图 6.30 所示。

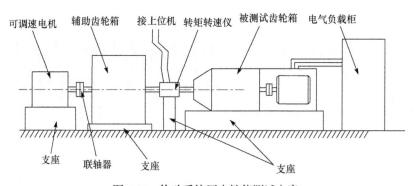

图 6.30　传动系统厂内性能测试方案

传动系统的加载可以有两种形式：直接转矩加载和发电机加载。直接转矩加载是在传动系统的输出端施加反向转矩，即采用电机对拖的形式对齿轮箱进行加载；发电机加载需要完成发电机与齿轮箱的装配，并通过改变发电机电气负载来给齿轮箱输出轴施加不同的载荷。与通过电机对拖的形式给传动系统加载的形式相比，发电机加载的工作量相对较小，更加简单可行，而且同时可以对发电机的电气特性、机械特性等进行分析。

通过记录原动机或传动系统输入轴的功率，以及传动系统输出轴或发电机的输出功率，就可以获得传动系统在不同转速、不同负载下的传动效率。

(2) 传动系统的温升、噪声及稳定性测试。温升测试主要是模拟机组在满功率运行条件下，达到热平衡时关键部位如主轴轴承、高速轴轴承、润滑油、发电机定子绕组等的温度，验证系统的散热设计。

通过声级仪测量传动系统噪声，为后续发电装备对环境影响的分析提供数据，同时根据噪声判断传动系统是否运行稳定或是否存在故障等。

(3) 测试系统方案。图 6.30 为传动系统厂内测试方案，该方案只需要考虑叶轮主轴旋转力矩。通过变频器实现拖动电机的转速控制或转矩控制，从而可以模拟主轴在海试时的转矩工况。同时用上位机采集拖动电机的转矩、转速以及传动系统内部的各种传感器信息、发电机的电气参数等。试验所用仪器包括：模拟叶轮的变频调速电机、辅助齿轮箱、转矩转速仪、三相电参数功率仪、可调负载、信号采集器等；此外还应提供 Pt100 温度计、测振仪、声级仪等测量仪表，必要时应配有一台 1/3 倍频程频率分析仪，以进行快速傅里叶变换分析。

由于海流能发电装备尚未产业化，依据作者多年的研究经验，试验规范参考如下：

(1) 齿轮箱最高温度应不超过 80℃，高速轴轴承温度不超过 90℃。

(2) 齿轮箱的空载噪声应不大于 85dB(A)，用 GB/T 3785.1—2010《电声学 声级计 第 1 部分：规范》中规定的 I 型及以上声级计，在主轴额定输入转速下于距齿轮箱中分面 1m 处测量。

(3) 效率。齿轮箱效率视结构形式而定，但应与理论分析结果相一致。

(4) 清洁度。齿轮箱的清洁度应符合 JB/T 7929—1999《齿轮传动装置清洁度》的有关规定。

试验过程分为空载试验和带载试验两部分，空载试验时断开发电机输出电缆的所有电气连接，并按下述流程进行测试：

试车前先手动，确认传动系统无卡死现象后再正式启动。

按额定转速的 25%、50%、75% 各运行 1h，观察无异常情况后再运行至额定转速。额定转速下运行 2h，每隔 20min 记录油温、轴承温度、振动、噪声等参数。

在 110% 额定转速下运行 5min。

按照与正向测试相同的转速变化规律，进行反向运行并记录数据。

要求达到：各连接件、紧固件不松动；各密封处、接合处不渗油；运行平稳，无异常冲击声和杂音，噪声声压级符合要求；润滑充分，温升正常；无异常声响等。

带载试验按以下流程进行：

切入电气负载，按表 6.4 所给时间及转速规律逐渐升至额定转速，每级负载均需达到热平衡。在带载试验过程中，等待机组运转正常后，每隔 10min 测量并记录油温、轴承温度、振动、噪声等数据。

表 6.4　传动系统测试流程

步骤	持续时间/h	转速
1	1	25% $n_{额}$
2	1	50% $n_{额}$
3	1	75% $n_{额}$
4	2	$n_{额}$
5	0.5	110% $n_{额}$

正常带载试验结束后，要求进行 110%超负载试验并运行 30min。

注意在加载过程中，如有异常应立即停车消除故障后重新试车。

正向拖动测试完成后，按照同样的规律完成反向测试。试验结果要求可参照空载测试。

图 6.31 是浙江大学 60kW 海流能发电机组传动系统厂内测试照片，受厂内试验条件所限，该机组采用了离网运行模式，测试过程中对机组储能系统、储能控制单元、系统控制单元等都进行了测试。

图 6.31　浙江大学 60kW 海流能发电机组传动系统厂内测试照片

图 6.32 给出了该机组在厂内测试时传动系统的输入功率与输出功率。厂内试验基本再现了海流能发电机组在海上试验过程中的转速-功率变化关系，可以有效验证传动系统及控制系统的可靠性，保证机组海上试验的成功。在该机组的厂内测试过程中，发电机最大输出功率约 75kW，此时拖动电机为 87kW，发电机效率按 95%计，则可以得到此转速下传动系统效率在 90%左右。

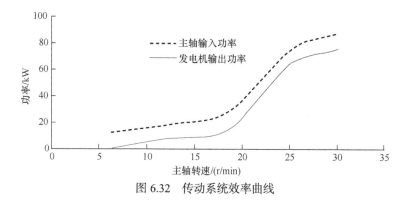

图 6.32　传动系统效率曲线

6.2.2　海流能发电机组整机厂内并网测试技术

整机并网测试是机组下海前的系统联调，该测试是对整机硬件结构及软件功能在全工况条件下的验证，同时也是对传动系统、电气系统、主轴控制系统等部件在系统集成后的总体功能及性能上的检验，它可以提前发现机组潜在的问题，如软硬件缺陷，并及时解决从而避免海上测试的风险。

根据机组离网和并网运行方式的不同，机组测试方案略有不同，但无论哪种运行模式，整机厂内测试方案都要能够复现机组实海况运行的典型工况。这里以作者团队研制的 650kW 海流能发电机组为例，对海流能发电机组的陆地并网测试方案、测试结果等进行介绍。

系统的整机测试方案是在前述传动系统测试方案的基础上，增加并网电气设备、主机控制器以及电网接口等。图 6.33 为 650kW 海流能发电机组测试平台主

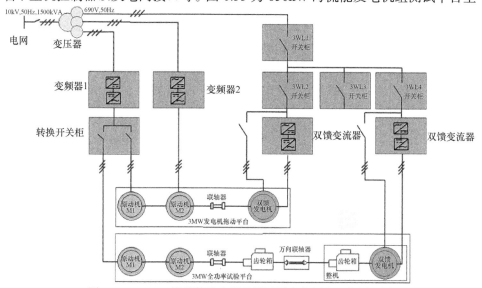

图 6.33　650kW 海流能发电机组测试平台主回路工作原理图

回路工作原理图，变频器驱动原动机，原动机经过辅助齿轮箱后，利用万向联轴器带动被试机组旋转,被试机组发出的电经过发电系统的并网变流器回馈到电网。

图 6.34 为 650kW 海流能发电机组厂内并网测试照片。整机测试需要完成机组启动、并网以及各类正常停机、非正常停机(如电网故障、过转速等)时的控制逻辑验证，同时还需要对叶轮的转速模拟控制、发电机转矩控制、卸荷负载的切入切出等进行有效测试。

图 6.34　650kW 海流能发电机组厂内并网测试照片

对应测试内容不同，测试过程也会有所不同。650kW 海流能发电机组整机测试围绕以下几个部分进行。

1. 厂内并网试验

首先进行空载运行试验。启动驱动电机并在转速控制模式下缓慢提高驱动电机的转速，直到达到发电机组的额定转速。运行过程中，记录发电机转速和发电机输出电压的数据，如图 6.35 所示。

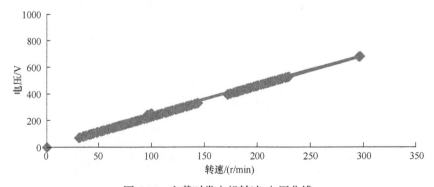

图 6.35　空载时发电机转速-电压曲线

　　进行带载测试即并网试验时，先将驱动电机设置为力矩控制模式并设置转速上限保护，然后缓慢增加力矩，并观察被试机组发电机的运行情况，记录发电机并网转速及电压。图 6.36 和图 6.37 为并网过程中发电机转速与电流、电压的变化关系，从图中可以获知当 650kW 海流能发电机组的并网转速约为额定转速的 33% 即 100r/min 附近时，发电机开始并网。

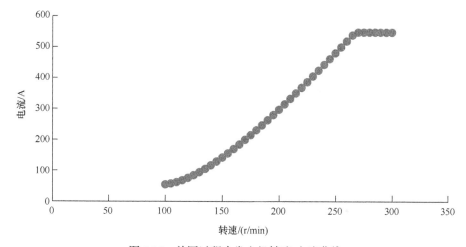

图 6.36　并网过程中发电机转速-电流曲线

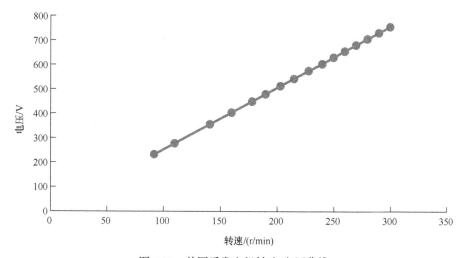

图 6.37　并网后发电机转速-电压曲线

　　图 6.38 为并网后给发电机逐渐加载过程中的发电机功率输出曲线，测试结果也间接验证了整台发电机组运行的稳定性。

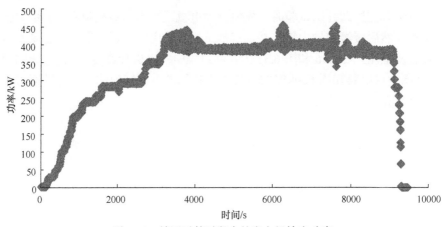

图 6.38　并网后某时段内的发电机输出功率

2. 发电机转矩响应测试

在加载功率加大过程中，连续检测各机组关键部件的运行信息，如温升、噪声等，以此来判断机组的稳定性与可靠性。根据加载转矩指令和实测数据，对变流器的转矩跟踪误差进行测试，从而验证变流器的响应特性。图 6.39 给出了控制器给定转矩与变流器转矩响应间的功率加载误差，可以看出该系统的加载误差在5%以内，变流器响应特性较好。

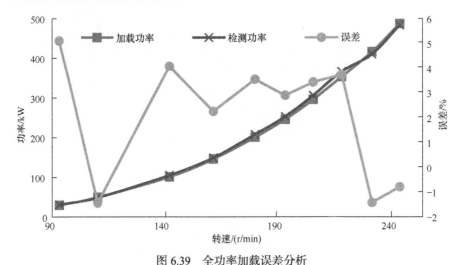

图 6.39　全功率加载误差分析

3. 脱网试验

由于海流能发电机组通常工作在电网的末端，其电网稳定性较差，所以为了提高系统的可靠性，有必要重点对机组脱网故障及控制系统的故障处理能力进行检验，重点测试发电机组在变桨系统发生故障、机组非正常脱网时，卸荷负载能否按照设定的控制指令切入切出，以防止机组飞车。

具体测试方法是，在机组并网运行(测试中，此时发电功率约 20kW)时，突然切断机组与电网的连接，此时控制系统按设定时序自动切入保护负载，机组功率变化如图 6.40 所示。由于负载特性发生改变，此时的发电机负载功率有一个小幅度的阶跃，功率因数上升到 1 附近(切入的是纯电阻负载)，但随着负载的逐级切入，发电机组功率缓慢降低，实现安全停机。

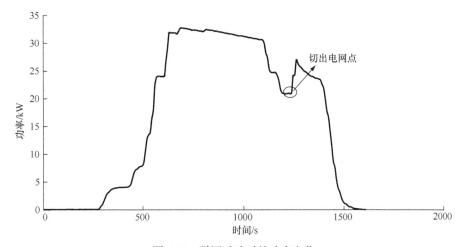

图 6.40　脱网试验时的功率变化

6.2.3　海流能发电机组传动系统五自由度加载测试技术

1. 五自由度载荷分解

海流能发电机组的载荷主要来源于机组叶片所受到的水动力，包括机组运行过程中的周期性水动力载荷、叶轮的惯性力及旋转过程中的附加质量等，也包括一些随机性载荷。如图 6.41 所示，海流能发电机组叶轮上作用有 x、y、z 三个方向上的六个自由度的载荷，以轮毂中心为坐标原点，x 轴与机组传动系统主轴同轴并指向机组的后端，z 轴垂直于 x 轴并垂直向上，y 轴符合右手法则。机组六自由度载荷 F_x、F_y、F_z、M_x、M_y、M_z 可以通过前述载荷分析方法获取，传动链测试时的载荷模拟加载，理论上须尽量与机组实海况运行时的条件一样，即准确复现各自由度载荷的耦合结果。

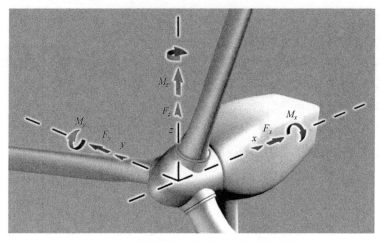

图 6.41　海流能发电机组叶轮载荷示意图

图 6.41 中 M_x 为叶轮主轴驱动力矩，在测试中该力矩由变频驱动电机模拟给定，M_y、M_z、F_x、F_y、F_z 均需要由其他加载装置来模拟。如图 6.42 所示，用圆盘来模拟海流能发电机组的叶轮，并在圆盘中心设定与轮毂载荷坐标系完全一样的坐标系。通过在圆盘轴向及径向分别布置加载液压缸，利用若干个液压缸的推力合成来模拟这五个自由度方向上的载荷。这里假设径向均匀布置 8 个加载点，轴向上在圆盘的左右两侧再分别均匀布置 8 个加载口。

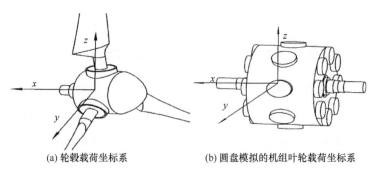

(a) 轮毂载荷坐标系　　　　　　(b) 圆盘模拟的机组叶轮载荷坐标系

图 6.42　轮毂载荷坐标系的定义

为实现有效加载，需要对这些加载液压缸的合成载荷效果进行分析，以尽量简单的组合形式再现待模拟的五个自由度载荷 F_x、F_y、F_z、M_y、M_z。假设每个轴向加载中心均位于圆盘半径 r 处，并定义圆盘右端和左端的液压缸轴向加载力分别为 F_{ar1}、F_{ar2}、F_{ar3}、F_{ar4}、F_{ar5}、F_{ar6}、F_{ar7}、F_{ar8} 和 F_{al1}、F_{al2}、F_{al3}、F_{al4}、F_{al5}、F_{al6}、F_{al7}、F_{al8}，定义径向加载液压缸的加载力分别为 F_{d1}、F_{d2}、F_{d3}、F_{d4}、F_{d1}'、F_{d2}'、F_{d3}'、F_{d4}'，如图 6.43 所示。

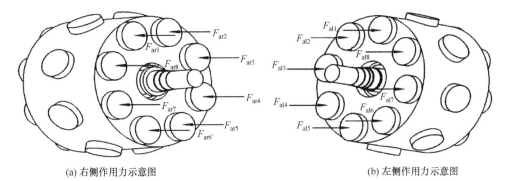

(a) 右侧作用力示意图　　　　　　　　　　　　　　(b) 左侧作用力示意图

图 6.43　五自由度载荷加载示意图

根据圆盘上力和力矩的平衡关系可以得到

$$
\begin{cases}
F_x = F_{ar1} + F_{ar2} + F_{ar3} + F_{ar4} + F_{ar5} + F_{ar6} + F_{ar7} + F_{ar8} \\
\quad\quad - F_{al1} - F_{al2} - F_{al3} - F_{al4} - F_{al5} - F_{al6} - F_{al7} - F_{al8} \\
M_y = (F_{ar1}+F_{al5}-F_{al1}-F_{ar5})r + \dfrac{\sqrt{2}}{2}(F_{ar2}+F_{ar8}+F_{al4}+F_{al6}-F_{ar4}-F_{ar6}-F_{al2}-F_{al8})r \\
M_z = (F_{ar3}+F_{al7}-F_{al3}-F_{ar7})r + \dfrac{\sqrt{2}}{2}(F_{ar2}+F_{ar4}+F_{al6}+F_{al8}-F_{ar6}-F_{ar8}-F_{al2}-F_{al4})r \\
F_y = F_{d3} - F'_{d3} + \dfrac{\sqrt{2}}{2}(F_{d2}+F_{d4}-F'_{d2}-F'_{d4}) \\
F_z = F_{d1} - F'_{d1} + \dfrac{\sqrt{2}}{2}(F_{d2}+F'_{d4}-F'_{d2}-F_{d4})
\end{cases}
$$

$$(6.10)$$

为了求得各个液压缸的加载力，下面对上述方程进行简化。

1) 轴向载荷加载分析

将圆盘上左右两侧每两个对称布置的液压缸称为对中液压缸，这样就有 8 组对中液压缸。将每组对中液压缸施加在圆盘上的两个力等效为一个力，并规定力的方向为从右向左。设等效作用力为 $F_{ai}(i=1,2,\cdots,8)$，则 $F_{ai}=F_{ari}-F_{ali}$。

载荷 F_x、M_y、M_z 只与轴向加载力有关，故方程组(6.10)中的前三式可以写为

$$
\begin{cases}
F_x = F_{a1} + F_{a2} + F_{a3} + F_{a4} + F_{a5} + F_{a6} + F_{a7} + F_{a8} \\
M_y = (F_{a1} - F_{a5})r + \dfrac{\sqrt{2}}{2}(F_{a2} + F_{a8} - F_{a4} - F_{a6})r \\
M_z = (F_{a3} - F_{a7})r + \dfrac{\sqrt{2}}{2}(F_{a2} + F_{a4} - F_{a6} - F_{a8})r
\end{cases}
$$

$$(6.11)$$

　　再观察方程组(6.11)，F_x 是 8 组液压缸加载力的矢量和；而 M_y 和 M_z 兼有矢量和与矢量差。故可做以下简化，即当 M_y 或者 M_z 为正值时，其表达式中只保留正的矢量，当 M_y 或者 M_z 为负值时，其表达式中只保留负的矢量，从而简化了方程组(6.11)。

　　以 M_y 取正值、M_z 取正值为例进行说明。

　　按照上文制定的规则可得

$$\begin{cases} M_y > 0 \Rightarrow F_{a4} = 0, \quad F_{a5} = 0, \quad F_{a6} = 0 \\ M_z > 0 \Rightarrow F_{a7} = 0, \quad F_{a8} = 0 \end{cases} \tag{6.12}$$

将方程(6.12)代入方程(6.11)可得

$$\begin{cases} F_x = F_{a1} + F_{a2} + F_{a3} \\ M_y = \left(F_{a1} + \dfrac{\sqrt{2}}{2} F_{a2} \right) r \\ M_z = \left(F_{a3} + \dfrac{\sqrt{2}}{2} F_{a2} \right) r \end{cases} \tag{6.13}$$

将方程(6.13)求解，可得出 F_{a1}、F_{a2} 和 F_{a3} 的值为

$$\begin{cases} F_{a1} = \left(1 + \dfrac{\sqrt{2}}{2} \right) F_x - \dfrac{\sqrt{2}}{2} \dfrac{M_y}{r} - \left(1 + \dfrac{\sqrt{2}}{2} \right) \dfrac{M_z}{r} \\ F_{a2} = -(1 + \sqrt{2}) F_x + (1 + \sqrt{2}) \dfrac{M_y}{r} + (1 + \sqrt{2}) \dfrac{M_z}{r} \\ F_{a3} = \left(1 + \dfrac{\sqrt{2}}{2} \right) F_x - \left(1 + \dfrac{\sqrt{2}}{2} \right) \dfrac{M_y}{r} - \dfrac{\sqrt{2}}{2} \dfrac{M_z}{r} \end{cases} \tag{6.14}$$

　　对于求出来的 $F_{ai}(F_{ai} = F_{ari} - F_{ali})$，如果 F_{ai} 的值为正，则令 $F_{ari} = F_{ai}$，$F_{ali} = 0$；反之，如果 F_{ai} 的值为负，则令 $F_{ari} = 0$，$F_{ali} = -F_{ai}$，即一侧液压缸开启，另一侧关闭。根据以上计算过程，当 $M_y > 0$、$M_z > 0$ 时，F_{a4}、F_{a5}、F_{a6}、F_{a7} 和 F_{a8} 的值都取 0，即 F_{ai} 对应的 5 对对中液压缸均为关闭状态。

　　这样就求得了载荷 F_x、M_y、M_z 模拟所需要的 16 个轴向液压缸的加载力。

　　当 M_y 或 M_z 取负值时，也可以得到相应的液压缸加载值。

　　2) 径向载荷加载分析

　　五自由度载荷模拟装置在圆盘径向布置 8 个液压缸，从方程(6.10)可以看出，这 8 个液压缸可以用来复现叶轮上 F_y 和 F_z 两个自由度的载荷，因此可以根据 F_y 和 F_z 的值反求 8 个加载液压缸的输出推力。为求出这 8 个液压缸的推力，同样需

要对方程(6.10)进行简化。

由于 8 个径向加载液压缸以加载圆盘中心为对称中心，故称每两个相对的液压缸为一套对中液压缸组，共有 4 套对中液压缸组。设定加载圆盘受到的径向力为 $F_{Di}(i=1,2,3,4)$，令 $F_{Di}=F_{di}-F'_{di}(i=1,2,3,4)$，$F_{Di}$ 的方向是与 F_{di} 的方向一样的。

将方程(6.10)中的 F_{di} 和 F'_{di} 用 F_{Di} 代替，可得

$$\begin{cases} F_y = F_{D3} + \dfrac{\sqrt{2}}{2}(F_{D2}+F_{D4}) \\ F_z = F_{D1} + \dfrac{\sqrt{2}}{2}(F_{D2}-F_{D4}) \end{cases} \tag{6.15}$$

当 F_z 值为正时，令 $F_{D4}=0$，代入方程(6.15)可得

$$\begin{cases} F_y = F_{D3} + \dfrac{\sqrt{2}}{2}F_{D2} \\ F_z = F_{D1} + \dfrac{\sqrt{2}}{2}F_{D2} \end{cases} \tag{6.16}$$

进一步简化方程(6.16)，观察发现，F_{D2} 项前面的系数比较复杂。如果假设 F_{D2} 也取 0，那么径向将只有一个液压缸组来模拟该载荷，这对液压缸的要求较高，且不利于载荷在圆盘上的合理分布。为了便于计算，规定

$$F_{D2} = \frac{F_{D1}+F_{D3}}{2} \tag{6.17}$$

将式(6.17)代入式(6.16)可得

$$\begin{cases} F_y = \dfrac{\sqrt{2}}{4}F_{D1} + \left(1+\dfrac{\sqrt{2}}{4}\right)F_{D3} \\ F_z = \left(1+\dfrac{\sqrt{2}}{4}\right)F_{D1} + \dfrac{\sqrt{2}}{4}F_{D3} \end{cases} \tag{6.18}$$

求解方程(6.18)可得

$$\begin{cases} F_{D1} = -\dfrac{\sqrt{2}-1}{2}F_y + \dfrac{3-\sqrt{2}}{2}F_z \\ F_{D2} = \left(1-\dfrac{\sqrt{2}}{2}\right)F_y + \left(1-\dfrac{\sqrt{2}}{2}\right)F_z \\ F_{D3} = \dfrac{3-\sqrt{2}}{2}F_y - \dfrac{\sqrt{2}-1}{2}F_z \end{cases} \tag{6.19}$$

如果求出的 F_{Di} 值为正，则令 $F_{di}=F_{Di}$，$F'_{di}=0$，如果求出的 F_{Di} 值为负，则令 $F_{di}=0$，$F'_{di}=F_{Di}$。这样对于每对对中的两个液压缸，在装置工作过程中都有一个为关闭状态。

综上分析，五自由度载荷分解就是根据海流能发电机组叶轮受到的 F_x、F_y、F_z、M_y、M_z 这五个自由度的载荷，来求出对应的用来模拟这五个自由度载荷的 24 个液压缸的输出推力。

2. 五自由度加载系统

根据上述五自由度加载原理设计出的五自由度加载系统如图 6.44 所示。箱体 1 和箱体 2 上分别开有轴向加载口 3 和径向加载口 4,且两个箱体间通过螺栓连接在一起。模拟加载液压缸通过法兰与加载口相连。主轴 5 由两个圆锥滚子轴承分别支撑在箱体 1 和箱体 2 的轴承孔中。

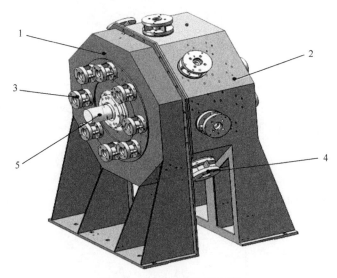

图 6.44　五自由度加载系统

为了保证加载力的准确性和快速性，五自由度加载系统采用电液伺服控制技术，液压加载方案如图 6.45 所示，各加载液压缸的电液伺服回路相互独立。电磁换向阀开启时，泵输出的高压油经过一个过滤器后通过电液伺服阀分别给各个对应的加载液压缸提供动力，液压缸均为单作用杆柱塞缸。电磁换向阀 13 关闭时，系统处于卸荷状态，在弹簧的作用下无杆腔的油被推出，并经过过滤器和冷却器进入油箱。

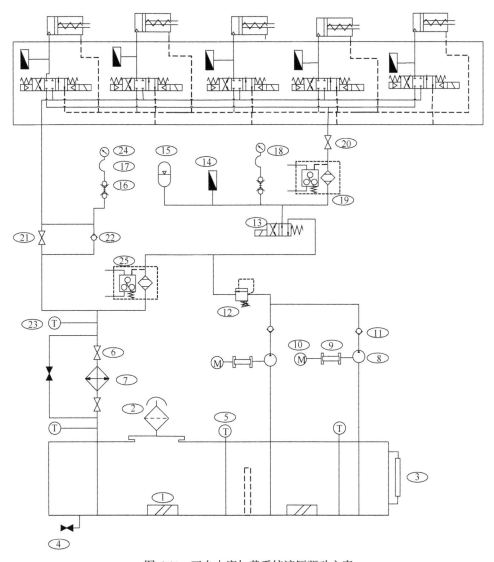

图 6.45 五自由度加载系统液压驱动方案

1-磁棒；2-空气过滤器；3-液位计；4,6,20,21-闸阀；5-温度计；7-风冷却器；8-齿轮泵；9-联轴器；10-电动机；11-单向阀；12-溢流阀；13-电磁换向阀；14-压力传感器；15-蓄能器；16-排气接头；17-软管；18,24-压力表；19,25-高压过滤器；22-单向阀；23-温度计

图 6.46 和图 6.47 为完成的载荷试验台的机械台架和液压系统。

3. 五自由度加载系统测试

首先通过单缸开环试验检验各加载液压缸动作是否正常。如图 6.48 所示，典型单液压缸的压力变化情况与控制电压信号基本一致，且加载液压缸的压力响应速度很快。

图 6.46　载荷试验台的机械台架

图 6.47　载荷试验台的液压系统

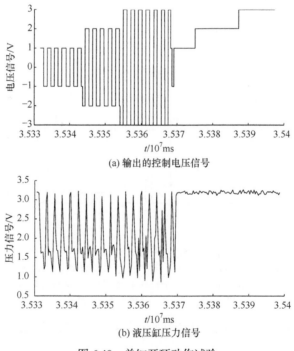

(a) 输出的控制电压信号

(b) 液压缸压力信号

图 6.48　单缸开环动作试验

然后对单个加载液压缸的阶跃压力闭环控制特性进行验证。采用比例-积分 (proportion-integral, PI)控制算法，在 72ms 附近给定一个 100kN 的阶跃加载力信号。从图 6.49 中响应曲线可以看出，实际加载力能够迅速响应该阶跃信号，并稳定在 100kN 附近，其调整时间约为 20ms，超调量保持在 5% 以内。

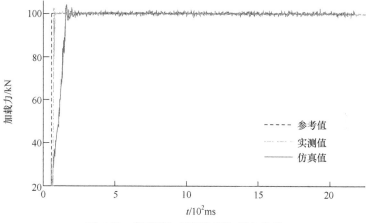

图 6.49　典型单缸闭环阶跃加载力曲线

　　最后对单个加载液压缸的正弦加载力闭环控制特性进行验证。如图 6.50 所示，典型单缸实测的加载力能够快速地跟踪正弦参考值，跟踪误差可以有效地控制在 5% 以内。该阶跃响应及正弦响应的试验结果表明，对于单个液压加载缸，五自由度加载系统的机械结构、液压驱动系统及控制系统，均可以满足测试要求。

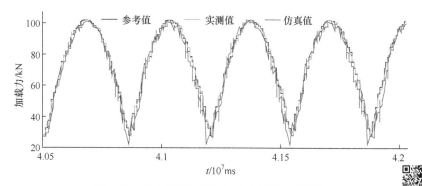

图 6.50　单个液压缸正弦加载力闭环响应特性

　　下面对多缸联合加载时的正弦加载力闭环控制响应特性进行测试(这里以五缸为例)，主要用于检测五缸同步加载时的控制特性和联合加载的可靠性。这里采用幅值为 40~110kN 的 10Hz 正弦加载力信号作为各加载液压缸的目标参考值。启动液压站，系统压力调至 210bar，采用 PI 控制算法，进行五缸联动加载控制试验。如图 6.51 所示，各加载液压缸的加载力均能够迅速地跟踪其设定的参考值，且能够实现对参考加载力的快速、高精度响应。

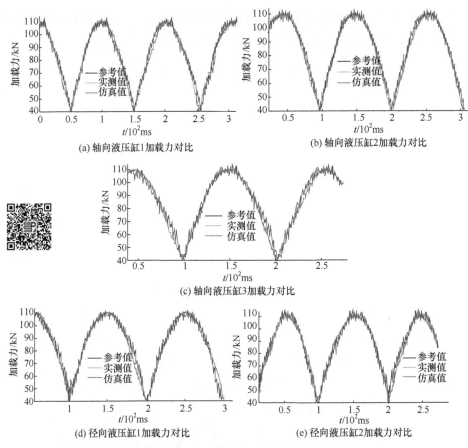

(a) 轴向液压缸1加载力对比　　　　　　　(b) 轴向液压缸2加载力对比

(c) 轴向液压缸3加载力对比

(d) 径向液压缸1加载力对比　　　　　　　(e) 径向液压缸2加载力对比

图 6.51　五缸联动闭环加载控制试验

　　最后对实际的五自由度载荷加载控制特性进行试验验证，试验中分别对五个自由度的载荷响应进行了测试，各自由度的载荷实测值与仿真结果基本一致(图 6.52)，且能够快速地响应给定参考值，在较宽的载荷变化范围内，加载系统的载荷跟踪性能一直保持在较高的精度水平，载荷复现的误差基本控制在 5% 以内。

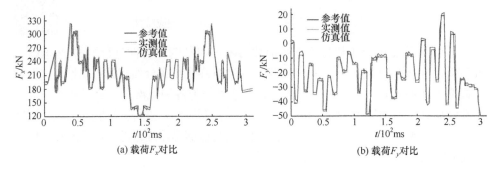

(a) 载荷F_x对比　　　　　　　　　　　(b) 载荷F_y对比

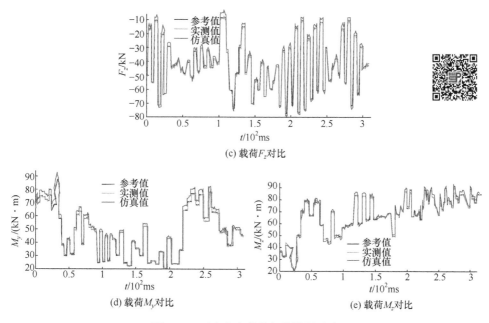

(c) 载荷 F_z 对比

(d) 载荷 M_y 对比　　　　　　　　　　(e) 载荷 M_z 对比

图 6.52　五自由度载荷加载控制试验

6.3　本 章 小 结

海流能发电装备工作环境恶劣,载荷工况复杂且维护不便,故机组各主要部件必须具备很高的可靠性。这就需要在机组下海前甚至各主要部件完成装配后即进行各类型测试。本章主要介绍了海流能发电装置叶轮功率测试和叶片结构强度测试方法、传动系统的测试技术及其模拟加载测试方法。机组其他关键部位如电气系统、密封系统和控制系统等将在相应的章节进行介绍。

参 考 文 献

[1] Blackmore T, Bahaj A S, Myers L. Influence of turbulence on a tidal turbine[R]. Southampton: University of Southampton, 2014.

[2] 周宏宾. 水平轴海流能机组叶片优化设计[D]. 杭州: 浙江大学, 2018.

[3] 甄飞. 水平轴潮流能发电装置轴向力分析及试验研究[D]. 杭州: 浙江大学, 2016.

第7章　水平轴海流能发电机组变桨技术

变桨技术是海流能发电装备的关键技术，对海流能发电机组双向高效发电、长期稳定可靠运行等具有重要支撑作用。海流能发电机组变桨系统具有节距角变化范围大、变桨结构紧凑、变桨负荷大、密封要求高等特点，本章将针对这些需求特点，对海流能发电机组的变桨理论、变桨系统的软硬件设计及试验等进行论述。

7.1　变桨技术及其现状

海流能发电机组变桨系统需要具备以下功能：

(1) 适应海流方向变化，通过变桨使叶片的有效工作面始终面向来流方向 (图 7.1)，即当水流方向改变 180°时，叶片绕自身轴线也旋转 180°，捕获双向海流能量，提高发电量。

(2) 当水流流速超过额定流速，发电机输出功率超过额定功率时，机械系统和电气系统都会超出所允许的工作范围，通过变桨技术可实现机组恒功率输出，从而保护机械及电气系统。

图 7.1　变桨结构实现对水方式

(3) 机组在发生故障或需要停机时，变桨系统可实现机组的水动力制动。

(4) 针对复杂海域的流况条件如台风、风暴潮、海流在垂度方向上剪切等，变桨系统可有效降低机组的载荷冲击及解决载荷在叶轮扫截面上分布不平衡问题。

(5) 变桨系统与变速控制系统相结合，可以实现机组的快速启动和高效发电。

综上所述，变桨技术对海流能发电机组的可靠运行及性能提升具有非常重要的作用。然而，变桨机构也增加了系统设计难度和结构复杂度，具体体现在以下方面：

(1) 由于复杂海洋环境下的风浪流耦合作用、叶片与海流的非线性流固耦合等，变桨载荷分析、变桨驱动系统设计和结构动密封设计需要具有较大的冗余性。

但同时由于海流能发电机组应具有尽量小的挡水截面,所以轮毂空间会相对狭小,狭长形轮毂空间极大地约束了变桨机构的尺寸。

(2) 水下结构参数传感以及大惯性、大阻尼条件下变桨机构的控制系统设计也是保证机组性能提升的关键技术。

(3) 变桨机构是使用频率高、故障率也高的部件,所以需要安装复杂的状态信息采集与信号传输系统。此外,变桨机构设计还要考虑后期的现场可维护性。

尽管存在以上诸多问题,但正如现代风力发电机组一样,从能量捕获源头控制机组的发电功率并保护机组是该型装备产业化运行的必要支撑技术,再加上现代风力发电机变桨技术、船舶可调桨等技术可以为海流能发电装备的变桨实现提供很好的借鉴,海流能发电装备的变桨技术已基本满足了海试运行的要求。为实现海流能发电机组的对流发电功能,国际上也有类似船舶尾舵的被动式对水结构,使机组进行偏航,如美国 Verdant Power 公司试制的 35kW 海流能发电机组样机,但采用这种对水结构的海流能发电装置需要较大的回转轴承,对轴承的密封、防腐等要求较高。与偏航实现对流发电相比,变桨技术更被广泛应用,如英国原 MCT 公司(图 7.2)、英国 Atlantis 公司、挪威 AHH 公司、国内浙江大学及国电联合动力技术有限公司等的中大型海试样机,都采用变桨技术实现对流发电。

图 7.2　英国原 MCT 公司电气变桨轮毂结构

7.2　变桨机构及驱动系统设计

7.2.1　变桨载荷分析

准确的变桨载荷分析是变桨机构及控制系统开展静态设计和动态设计的基础。叶片变桨机构需要克服的载荷由以下几部分组成:水流对叶片的水动力矩、叶轮轴向力/离心力/叶片重力/叶片弯矩产生的叶根摩擦力矩、变桨传动机构附加力矩、叶片惯性矩等。图 7.3 为在变桨叶片载荷坐标系(图 2.23)下的叶根受力模型。

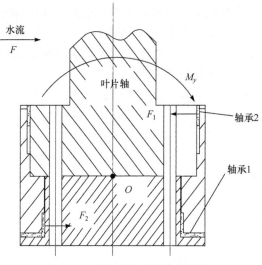

图 7.3　变桨叶片叶根受力模型

1. 水动力矩 M_z

叶片受水流作用力 F_b，由于叶片的外形不对称，会产生使叶片绕自身回转轴旋转的水动力矩 M_z。顺桨时此力矩为助力矩，逆桨时此力矩为阻力矩，如图 7.4 所示。单个叶片的水动力矩计算公式为

$$\Delta M_z = \frac{1}{2}\rho \sum_{i=1}^{n} w_i^2 C_{mi} c_i \Delta r_i \tag{7.1}$$

式中，ρ 为海水密度；w_i 为相对流速；C_{mi} 为翼型的俯仰力矩参数；c_i 为弦长。

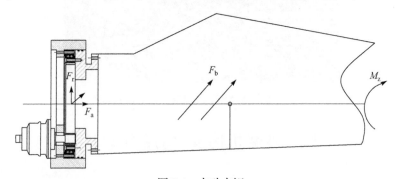

图 7.4　水动力矩

2. 叶根摩擦力矩 T_f

叶片正常工作时，由于受到轴向推力、离心力、重力等的作用，叶片根部回转轴承存在较大的摩擦力矩。叶片重力大小是确定的，但其方向是变化的；离心

力由叶片质量和叶轮转速决定；叶片轴向力、切向力等水动载荷可通过叶素理论分析得到。

此外，还需要考虑叶片根部的密封作用引起的密封摩擦力矩 T_{seal}，所以变桨机构需要克服的力矩 T_f 可表示为

$$T_f = \sqrt{F_a^2 + F_r^2}\,\mu + T_{seal} \tag{7.2}$$

式中，F_a 和 F_r 分别为轴承受到的等效轴向力和径向力；μ 为轴承摩擦系数。

3. 叶轮旋转叶片离心力产生的惯性矩 T_c 及叶片变桨惯性矩 T_j

设叶片变桨轴通过各个截面的水动力中心，并位于叶轮旋转平面内。假设叶片各个截面的重心都在叶片的转动轴上，且位于叶轮旋转平面内，并假定叶片截面的惯性主轴之一与截面弦线重合。沿叶片半径方向取厚度为 dr 一小段，设该小段上 B 点的质量为 dm，当叶轮转动时，对 dm 进行离心力分析，如图 7.5 所示。质量 dm 受到的总的离心力为 dF_c，该离心力可以分解为沿平行于叶片回转轴心的分力 dF_{cn} 和垂直于叶片回转轴心的分力 dF_{ct}，dF_{ct} 产生绕叶片回转轴心的力矩 dT_c，由图 7.5 可知该力矩为

$$dT_c = dF_{ct} \cdot \overline{OA} \tag{7.3}$$

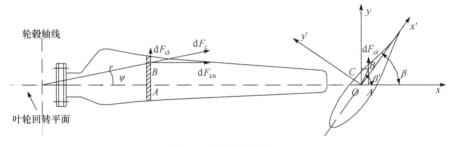

图 7.5　叶轮变桨离心力

在中小功率机组中，叶片惯量小所导致的离心力较小，此力矩可以忽略。

叶片变桨时的惯性矩 T_j 会影响变桨系统的响应快速性，所以在中大型机组中此项通常也需要考虑，由动力学知识可知：

$$T_j = J_b \dot{\omega}_b \tag{7.4}$$

式中，J_b 为叶片绕自身转动轴的转动惯量，kg·m²；$\dot{\omega}_b$ 为叶片最大变桨加速度。

此外，变桨传动机构产生的附加力矩主要取决于传动结构形式，如齿轮啮合的径向力。

综合以上分析，并考虑一定的安全系数，变桨系统单个叶片总的负载力矩 T_b 为

$$T_b = \delta(T_f + M_z + T_c + T_j) \tag{7.5}$$

式中，δ 为安全系数。

7.2.2　基于电液控制的海流能发电机组变桨结构

从叶片变桨的动作形式来看,变桨结构可分为独立变桨结构和统一变桨结构。

统一变桨定义为所有叶片同时动作且动作规律一致,英国 Atlantis 公司 AR1500 海流能发电机组和浙江大学 120kW 海流能发电机组均采用了液压统一变桨机构,在这种变桨机构中,由一个变桨机构同时驱动三个叶片。独立变桨机组中的每一个叶片都需要配备一套变桨执行机构,如英国原 MCT 公司的 300kW 海流能发电机组 Seaflow 和国电联合动力技术有限公司的 300kW 海流能发电机组,独立变桨系统中的每一个叶片都可以相对其他叶片进行单独运动。与独立变桨相比,统一变桨所需的零部件相对较少,从而具有较高的可靠性。

无论哪种变桨形式,具体的变桨机构设计都需要根据机组的总体结构或外部环境来统筹考虑,如轮毂体积、变桨力矩、管道布置、电缆走线等。

1. 统一变桨机构

图 7.6 为浙江大学 120kW 海流能发电机组中应用的液压驱动的统一变桨机构,其采用了齿轮齿条驱动结构。液压控制回路驱动液压缸的活塞做直线位移运动,通过固接到活塞上的齿条同时驱动三个变桨小齿轮转动,从而实现叶片的节距角调节。该方案结构紧凑且简单可靠,但其缺点是一旦某个叶片卡死,变桨系统将无法工作。

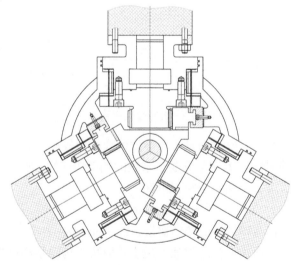

图 7.6　浙江大学 120kW 海流能发电机组中应用的液压驱动的统一变桨机构

该液压式海流能发电机组变桨系统具有以下几个特点:

(1) 液压缸放置在轮毂的前方,一方面节省了轮毂内部有限的空间,另一方面可使液压缸的尺寸不受轮毂的限制，其尺寸设计成短而粗，能够提供较大的变桨驱动力及提高系统的液压固有频率，从而提高系统的控制性能。

(2) 齿轮齿条作为变桨运动传动机构，除了满足机组 180°以上的变桨角度，也使轮毂内部的结构简单而紧凑。

(3) 由于叶片工作在低速重载的工况下，叶片变桨轴承的选用至关重要。目前常用的有回转支撑和静压滑动轴承。回转支撑可以同时承受较大轴向力、径向力和倾覆力矩，在风电机组的变桨机构中多有应用。但由于海流能发电机组的桨毂结构比较紧凑，有时回转轴承无法同时满足变桨重载的要求和桨毂的狭小空间尺寸要求，所以变桨机构也常采用静压滑动轴承。此外，变桨轴承应具有比较好的密封性和润滑特性。

(4) 配油机构。配油机构是液压变桨驱动系统中的关键部件，其作用等同于电气变桨中的电刷滑环。由于机组工作时整个桨毂(包括液压缸)绕叶轮主轴转动，需设计合理的配油机构实现动件与不动件间的油液传递。图 7.7 为 120kW 海流能发电机组采用的配油机构，液压油源通过进油座上的进油口、主轴上的环形配油槽及主轴径向油孔，将油液传递到叶轮内部的变桨液压缸或液压马达。

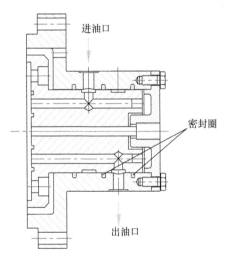

图 7.7　120kW 海流能发电机组配油机构

该配油机构具有一定的普遍性，其同样适用于液压驱动的独立变桨机构中，只是在配油孔数量和管路配置上有所不同。

国内的哈尔滨工程大学和中国海洋大学也对基于电气驱动的海流能统一变桨技术进行了研究，其方案分别如图 7.8 和图 7.9 所示。二者的基本原理是驱动电机置于轮毂前端，电机输出轴通过齿轮传动系统同时作用在多个叶片上，从而实现统一变桨。

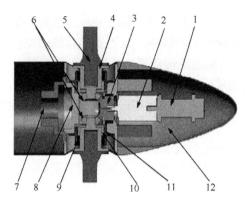

图 7.8　哈尔滨工程大学提出的 10kW 海流能发电机组变桨机构

1-变桨电机；2-减速器；3-中心齿轮；4-叶片根部套环；5-叶片；6-叶片根部齿轮；
7-主轴法兰；8-叶轮轮毂；9-动密封；10-变桨轴承；11-旋转固定件；12-导流帽

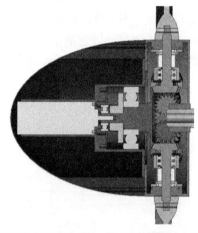

图 7.9　中国海洋大学提出的 20kW 海流能发电机组变桨机构

　　与液压统一变桨相比，电机驱动的统一变桨机构需配备减速箱，通过减速箱将电机的高速小扭矩转化为海流能发电机组叶片变桨所需要的低速大扭矩，这就增加了变桨系统的复杂性，同时有可能出现海流能发电机组"头重脚轻"的情况。此外，电动变桨的驱动电机随轮毂一起运动，所以需要配备电刷滑环部件来实现电力与信号的传输，而该部件往往也是易损件，需要经常维修甚至更换。

　　2. 独立变桨机构

　　如前所述，统一变桨机构尽管结构简单紧凑，但存在一个叶片故障则整个系统无法工作的可能性，而且也无法实现叶轮非平衡载荷控制所需要的叶片独立运动。图 7.10 为液压驱动独立变桨机构，可以采用液压马达作为叶片驱动单元。与统一变桨机构相比，独立变桨机构模块化程度较高，便于维护维修；此外，独立变桨机构具有较好的系统冗余性，当一个或两个叶片卡死时，第三个叶片也仍然可以动作，实现辅助制动的功能。但这种机构的缺点是，由于涉及每个变桨机构的独立驱动和变桨信号单独计量，液压管路或驱动信号线较多，导致独立变桨系统整体结构相对复杂。浙江大学 650kW 海流能发电机组应用了如图 7.10 所示的独立变桨机构。

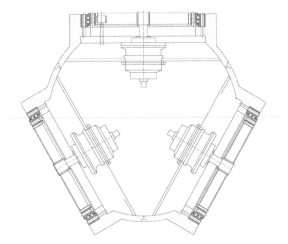

图 7.10　液压驱动独立变桨机构

7.2.3　液压变桨驱动系统

变桨机构形式不同，其驱动系统也不同[1]。在实际应用中液压变桨驱动方案与电气变桨驱动方案各有优缺点，如液压驱动系统具有传递扭矩大、功率重量比大、结构紧凑便于集中布置等优点，而且在系统失电时可以将蓄能器作为备用动力源对叶片进行顺桨动作而无需备用电源[2]。但由于变桨驱动系统随着叶轮不断旋转，必须通过一个旋转接头将机舱内液压站的液压油送到相对转动的轮毂，故制造工艺要求较高，且存在泄漏等问题。

液压变桨驱动系统的工作动力可以通过压力阀取自海流能发电装置的主能量传动系统(实现变桨系统的能量自供给)，也可为变桨液压系统配备额外的液压泵站作为变桨动力源。

1. 统一变桨液压驱动系统

浙江大学 120kW 海流能发电机组统一变桨液压驱动系统示意图如图 7.11 所示，它包括电机、液压泵、蓄能器、电磁换向阀及溢流阀等液压元件。电机 5 带动定量液压泵 6 工作，压力油经过滤器 7 和单向阀 11 后输出给系统。溢流阀 8 实现系统低压启动，减小电动机的冲击。溢流阀用来调节油源压力并保护系统安全。阀 17 为压力补偿阀，当变桨负载增加时，该阀根据反馈的油压进行动作，保证比例换向阀 21 的前后压差不变, 从而使变桨速度不受负载大小的影响, 即提高变桨系统的刚度。比例换向阀 21 是实现叶片顺桨和逆桨的关键元件, 它接收控制器顺桨和逆桨指令。元件 29 为液压锁, 它可以确保变桨到位后, 靠系统压力实现叶片位置限定。蓄能器 15 在电机停止工作时可用来维持系统压力(补偿泄漏), 作为应急动力源, 同时兼有吸收液压冲击的作用。

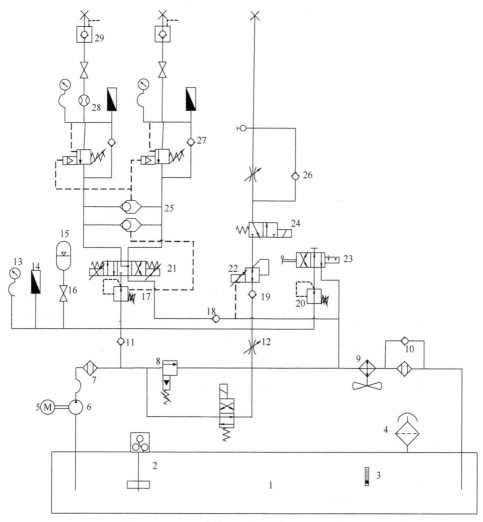

图 7.11　浙江大学 120kW 海流能发电机组统一变桨液压驱动系统示意图

1-油箱; 2-液位开关; 3-油标尺; 4-空气滤清器; 5-电机; 6-液压泵; 7-过滤器; 8-溢流阀; 9-风冷却器;
10-回油过滤器; 11-单向阀; 12-节流阀; 13-压力表; 14-压力传感器; 15-蓄能器; 16-球阀; 17-压力补偿阀;
18, 19-单向阀; 20-减压阀; 21-比例换向阀; 22-比例减压阀; 23-手动换向阀; 24-电磁换向阀; 25-梭阀;
26-单向节流阀; 27-抗衡阀; 28-流量传感器; 29-液压锁

为获取变桨系统的状态信息, 分别安装了系统压力传感器 14、变桨高压侧传感器和回油侧传感器。此外，还有流量传感器 28，油箱液位指示计、油温指示计等。

2. 独立变桨液压驱动系统

在独立变桨液压驱动系统中，每个叶片的驱动单元都配置单独的液压驱动回路及变桨角度传感系统，图 7.12 为浙江大学 650kW 海流能发电机组独立变桨液压驱动系统。在该系统中，每个变桨液压马达均由单独的电液比例阀来操控，节距角位移信号通过编码器反馈给控制器，控制器根据系统控制要求(如功率、载荷、对流等)给出不同的节距角目标值。

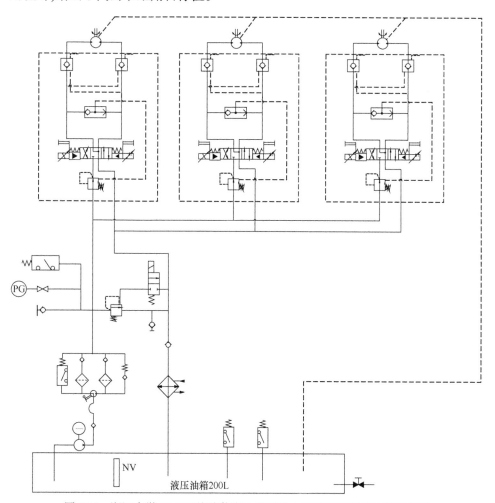

图 7.12　浙江大学 650kW 海流能发电机组独立变桨液压驱动系统示意图

3. 液压变桨驱动系统设计

下面以统一液压变桨驱动系统为例，介绍液压变桨驱动系统的设计方法。如前所述，统一变桨液压驱动系统包括变桨执行机构(液压缸或液压马达)、液压泵、电液控制阀、蓄能器、位置检测系统及控制系统等。液压变桨驱动系统的设计是在确定了变桨机构的变桨载荷、变桨速度等负载特性后，再开展变桨液压系统的静态设计，主要包括系统压力、流量的确定，控制阀及蓄能器的选型等[3]。

1) 液压缸设计

液压缸的结构尺寸取决于叶片所需的变桨力矩、系统压力及节距角位移范围、变桨传动机构特性等。如图 7.13 所示，根据前述变桨载荷计算方法，可以将叶片承受的水动力负载、惯性负载及摩擦负载等均等效到变桨驱动小齿轮上，变桨驱动力矩用 T_L 表示，T_L 应大于等于式(7.5)中的 T_b，根据齿轮齿条传动系数，就可以求得变桨驱动齿条的驱动负载力 F_{bq} 为

$$F_{bq} = \frac{2}{d_b} T_L \tag{7.6}$$

式中，d_b 为变桨小齿轮的分度圆直径。

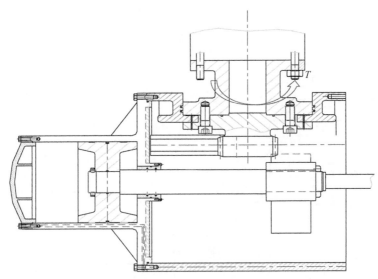

图 7.13　液压缸驱动的变桨机构

液压缸驱动系统的动力学方程为

$$p_s A_c - F_{bq} = m_c \ddot{x}_c + B_c \dot{x}_c + k x_c \tag{7.7}$$

式中，p_s 为液压缸系统驱动压力；A_c 为活塞有效工作面积；m_c 为齿条与液压缸等

变桨机构总的等效质量；B_c 为液压缸等效阻尼系数；k 为负载弹性系数。

设 v_c 为液压缸活塞的移动速度，再考虑 $v_c = \dfrac{d_b}{2}\omega_b$，由式(7.6)和式(7.7)可以得到

$$p_s A_c = m_c \frac{d_b}{2}\ddot{\theta}_b + B_c \frac{d_b}{2}\dot{\theta}_b + k\frac{d_b}{2}\theta_b + \frac{2T_b}{d_b} \tag{7.8}$$

根据海流能发电机组设计的最大变桨速度、速度响应要求及设定的系统工作压力，可以初步确定变桨液压缸的活塞尺寸。系统压力的确定考虑到系统损耗、系统泄漏、结构紧凑等要求，不宜太高也不宜太低。

2) 比例阀及放大器选型

比例阀的选择主要考虑流量特性及频率响应特性，变桨系统响应频率远小于比例阀频率，故这里只需考虑阀的流量特性。系统流量由所需的叶片变桨速度决定，所需最大流量 Q_{c_max} 为

$$Q_{c\_max} = \omega_{b\_max} A_c \frac{d_b}{2} \tag{7.9}$$

可以选用工业伺服系统中常用的三位四通电液比例阀作为液压缸的放大驱动元件。

3) 位置检测系统单元选择

变桨系统本质上是一个位置控制系统，如果对变桨速度也有要求，则就是一个位置速度双闭环控制系统。需要用到检测节距角或油缸活塞位置的位移传感器，如在上述提到的液压统一变桨机构中，可以通过磁致伸缩式位移传感器测量活塞杆的直线位移来间接得到叶片变桨角度(但会引入传动误差)。在独立变桨系统中，较多地应用编码器来测量驱动电机或者由液压马达的转速来获得叶片的变桨角度。

4) 蓄能器选择依据

系统中的蓄能器主要是抑制系统压力波动，同时在不开启液压泵的情况下，维持系统的压力，补偿系统泄漏。

5) 液压泵电机的启动设计

考虑调试和运行维护的需要，设置手动控制与程序控制功能。继电器 K2 为 PLC 模块输出端继电器，控制接触器 K3 的吸合与关断。图 7.14(a)为手动启动自锁电路，接触器 K4 与 K3 的辅助触点检测电机是否启动并反馈给控制器。具体控制逻辑：无论手动控制还是程序控制，当控制器检测到油泵电机启动时，发出关闭液压系统主回路溢流阀信号，使油泵可以空载启动，防止电机启动转矩过大烧毁，延时 5s；待电机运行平稳，发出溢流阀启动信号，建立溢流压力，系统正常工作。

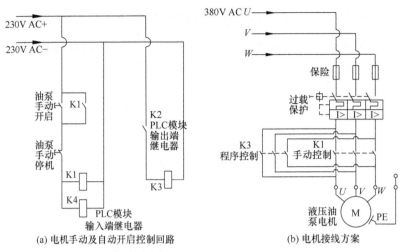

(a) 电机手动及自动开启控制回路　　　　　(b) 电机接线方案

图 7.14　液压系统油泵电机启动电路保护设计(PE 指接地)

7.3　变桨机构响应特性分析与测试

当变桨机构用于对流发电时，由于潮水的换向时间相对较长，对节距角响应要求不高；但作为功率调节用时，节距角的响应特性就显得尤为重要。本节以浙江大学前期完成的 20kW 海流能发电机组液压统一变桨系统为例，介绍其控制特性分析过程。类似的方法也可以应用于液压独立变桨系统或电气变桨系统。

7.3.1　变桨系统建模及仿真验证

首先建立液压变桨系统的各环节模型。

(1) 液压动力机构。系统的液压动力机构为对称滑阀控制非对称缸，由阀的流量方程、液压系统内部的流量连续性方程和液压缸的动力学方程组成，并忽略液压缸的内外泄漏、黏性阻尼系数并假定油液不可压缩，得到不考虑弹性负载时对称滑阀控制的非对称液压缸的数学模型为

$$X_p(s) = \frac{\dfrac{K_q}{A_p} X_v(s) - \dfrac{K_c}{A_p^2}\left(\dfrac{s}{\omega_l}+1\right)F_L}{s\left(\dfrac{s^2}{\omega_h^2} + \dfrac{2\xi_h}{\omega_h}s + 1\right)} \tag{7.10}$$

式中，K_q、K_c 为比例阀的流量增益及流量压力系数；A_p 为液压缸的有效作用面积；F_L 为外负载力；液压固有频率 $\omega_h = \sqrt{\dfrac{4\beta_e A_p^2}{V_t m_t}}$，$\beta_e$ 为油液的有效体积弹性模量，V_t

为总压缩容积，m_t 为活塞及负载折算到活塞上的总质量；液压阻尼比 $\xi_h = \dfrac{K_c}{A_p}\sqrt{\dfrac{\beta_e m_t}{V_t}}$；$\omega_l = 2\omega_h \xi_h$；$X_p$ 为液压缸活塞位移；X_v 为阀芯位移。

(2) 比例放大器和位移传感器的频响通常较高，其动态过程与液压动力元件相比可以忽略，故均可当作比例环节处理。比例放大器的增益为

$$K_a = \frac{\Delta I}{U_g} \tag{7.11}$$

式中，ΔI 为输出控制电流；U_g 为输入电压。

位移传感器系数的增益为

$$K_f = \frac{U_c}{X_p} \tag{7.12}$$

式中，U_c 为传感器输出电压；X_p 为测量的位移。

(3) 电液比例阀按二阶振荡环节处理，阀芯位移响应的传递函数可表示为

$$G_{bl}(s) = \frac{K_{bl}}{\dfrac{s^2}{\omega_{bl}^2} + \dfrac{2\xi_{bl}}{\omega_{bl}}s + 1} \tag{7.13}$$

式中，K_{bl} 为比例阀增益；ω_{bl} 为比例阀的固有频率；ξ_{bl} 为比例阀的阻尼比。

由以上分析可以得到变桨执行机构的仿真模型如图 7.15 所示。

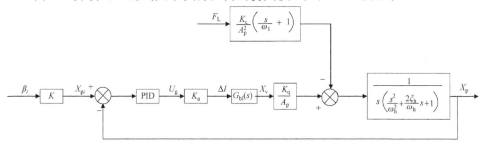

图 7.15　变桨执行机构的仿真模型

变桨控制器采用比例-积分-微分(proportion-integral-differential，PID)控制，其传递函数可表示为

$$G_{PID}(s) = K_p(1 + 1/T_i s + T_d s) \tag{7.14}$$

式中，K_p、T_i、T_d 分别为比例系数、积分时间及微分时间。

代入系统参数，进行仿真。以四个阶跃变化为例，其仿真结果如图 7.16 所示。从图中可以看出，经过 10s 左右的调整，输出节距角稳定在目标值。

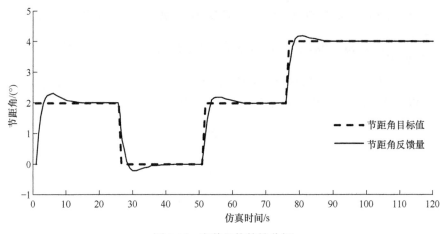

图 7.16　变桨机构特性分析

7.3.2　20kW 海流能发电机组液压变桨试验

变桨系统在投入实际应用前，应经过充分的试验验证。变桨试验分为两个阶段，即厂内试验和海上试验。本节以 20kW 海流能发电机组为例对液压变桨系统的测试进行介绍，图 7.17 为 20kW 海流能发电机组液压变桨系统厂内试验照片。

图 7.17　20kW 海流能发电机组液压变桨系统厂内试验照片

1. 变桨系统开环试验

在开环控制的情况下进行变桨运动，以检验变桨执行机构、液压驱动系统、传感系统及控制系统等设计的合理性。通过 PLC 控制器给定比例阀放大器的输入电压，观察叶片运动情况，并记录节距角位移、角速度和液压系统工作压力，从而判断系统是否运行平稳。图 7.18 为开环变桨试验时桨叶的运动情况。

图 7.19 为开环控制情况下的试验结果。图中，在 $t=5s$ 时向比例阀 A 路施加 10V 的控制电压，叶片开始顺时针转动(顺桨)，节距角从初始位置 0° 开始线性增大，在 $t=61s$ 时达到最大值 188.3°，此时齿条到达机械限位位置。叶片的全程变

桨范围是 0～188.3°，整个行程用时 56s，计算得到的平均顺桨速度为 3.3625°/s。在 t=75.5s 时，向比例阀 B 路施加满量程电压信号，叶片便开始逆桨运动，节距角从最大值开始线性减小，在 t=138.5s 时到达最小值 0°，同样此时齿条被机械位置限位。由于逆桨时液压缸无杆腔进油，故逆桨运动比顺桨慢，全程用时 63s，平均速度为 2.989°/s。顺桨和逆桨时的变桨速度均达到了设计指标。

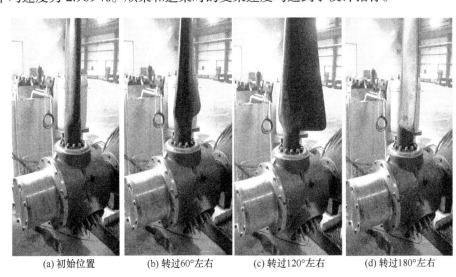

(a) 初始位置　　　(b) 转过60°左右　　　(c) 转过120°左右　　　(d) 转过180°左右

图 7.18　开环变桨试验时桨叶的运动情况

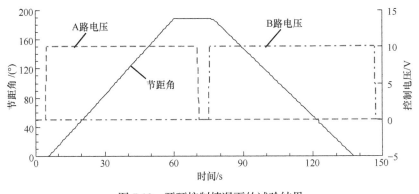

图 7.19　开环控制情况下的试验结果

2. 节距角闭环控制试验

为了检验变桨系统的动态性能，需要开展节距角的闭环控制试验。给定节距角目标值，PLC 控制器将目标值与实测值进行比较，并根据误差信号给出比例阀的控制电压信号。图 7.20 为闭环试验时的部分数据。

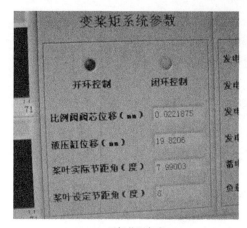 

(a) 目标节距角为8°　　　　　　　　　　(b) 目标节距角为178°

图 7.20　闭环变桨测试时的上位机界面照片

从图 7.20 可以看出，实测节距角和目标节距角非常接近，该变桨控制系统具有较高的控制精度。图 7.21 为系统在阶跃输入下的响应曲线，在 t=2s 时加入了一个幅度为 2° 的正阶跃输入信号，经过 1s 左右系统达到稳定状态，稳态误差在 0.05°以内，且受系统阻尼影响，输出没有超调。

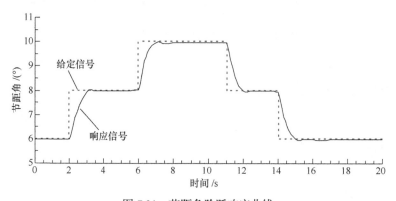

图 7.21　节距角阶跃响应曲线

以上试验验证了变桨系统设计的合理性，除满足变桨功能性需求，该变桨系统还具有较好的节距角响应特性，可以满足海流能发电机组通过变桨进行功率控制的目的。

类似的变桨技术被应用于浙江大学 120kW 海流能发电机组的实海况运行中。图 7.22 是 120kW 海流能发电机组变桨系统。

图 7.23 给出了 120kW 海流能发电机组实海况测试时的节距角变化曲线，其中实线为给定的节距角目标值，虚线为实测的节距角响应结果。启动变桨液压系

统，并分别设定节距角为 180°、0°和 135°，观察节距角的响应特性。从试验结果可以看出，变桨系统的稳定性较好，变桨速度达到预期。

图 7.22　120kW 海流能发电机组变桨系统

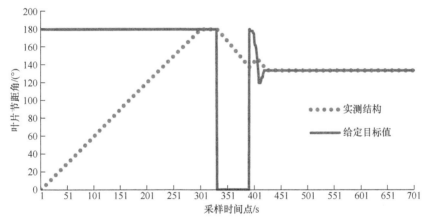

图 7.23　120kW 海流能发电机组实海况测试时的节距角变化曲线

7.4　本 章 小 结

变桨系统是海流能发电机组功率控制、机组双向发电及安全运行的重要手段。本章以基于电液控制技术的液压变桨技术为例，对海流能发电机组变桨系统中的载荷分析、变桨机构设计、变桨驱动系统设计以及变桨控制系统的动态响应特性进行了介绍。通过变桨系统的厂内试验和现场海上测试，验证了液压变桨技术的可靠性，类似的研究方法也可用于其他类型的变桨系统。

参 考 文 献

[1] Schönborn A，Chantzidakis M. Development of a hydraulic control mechanism for cyclic pitch marine current turbines[J]. Renewable Energy, 2007, 32: 662-679.

[2] Chiang M. A novel pitch control system for a wind turbine driven by a variable-speed pump-controlled hydraulic servo system[J]. Mechatronics, 2011, 21: 753-761.

[3] 马舜, 李伟, 刘宏伟, 等. 潮流能透平装置电液比例变桨距控制系统设计及其试验[J]. 电力系统自动化, 2010, 34(10): 86-90.

第8章　水平轴海流能发电机组电气系统

电气系统是海流能发电装备输出电能的能量管理部分，该系统主要实现两个功能：一是改善电能质量，提高海流能发电机组输出电压、频率等电气参数的稳定性；二是参与机组的功率调节，响应控制器的指令，对发电机电磁转矩进行控制。发电机输出电能通过电气系统提供给负载，根据海流能发电机组是否接入电网，将海流能发电机组分为并网运行和离网运行两种模式。

8.1　并网型电气系统

并网运行模式多用于大中型海流能发电机组，且目前新能源发电装备的并网技术已相对成熟。根据机组选用发电机的类型不同，所用的并网电气设备也略有不同。由于永磁同步发电机不需励磁、运行效率高、结构简单可靠，且有较宽的变速运行范围，运行维护成本低，比较适用于海洋这一特殊环境，所以目前海流能发电机组较多地采用永磁同步发电机。相对应地，全功率变流并网控制技术较多地应用于永磁同步发电机。顾名思义，全功率变流技术就是将发电机组发出来的全部电能通过电力电子部件进行处理，本节重点对采用永磁同步发电机的海流能发电机组并网技术进行介绍。

8.1.1　背靠背变流并网技术

图 8.1 是基于永磁同步发电机+全功率变流器变流并网技术的海流能发电系统。该方案与现代风力发电机的并网技术非常类似，具有技术相对成熟、控制回路少、控制简单等优点，故目前被中大功率的并网型海流能发电机组广泛采用。但由于发电机输出功率全部要经过变流器设备，所以要求变流器容量必须大于发电机输出功率。

永磁同步发电机的输出是电压和频率不断变化的交流电，该交流电输入变流器中经过全控整流-逆变后转换成与电网电压、频率及相位同步的交流电，再接入电网。全功率变流器在电机侧采用矢量控制技术对永磁同步发电机进行功率因数、转矩等控制，从而有利于提高发电机组的运行特性[1]。可控逆变器主要用于维持直流母线上的电压稳定，并向电网输送功率。浙江大学的 650kW 海流能发电机组即采用了此种并网技术方案。

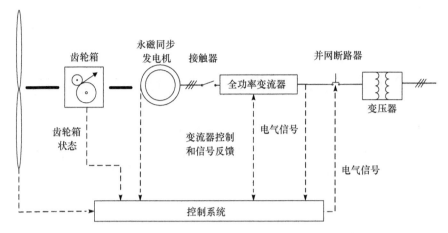

图 8.1　永磁同步发电机+全功率变流器变流并网方案

全功率变流器是实现电能变换的核心部件，其工作原理如图 8.2 所示，其中的 S_a、S_b、S_c 是网侧可控的三相整流桥，M_a、M_b、M_c 是机侧三相逆变电桥，它们以背靠背的形式相连，故称为背靠背双向脉冲宽度调制(pulse width modulation，PWM)变流器。

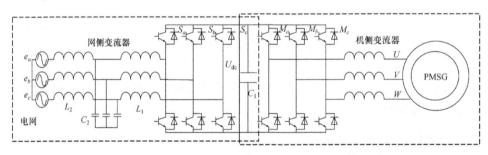

图 8.2　全功率变流器结构原理图(PMSG 指永磁同步发电机)

1. 机侧变流器工作策略

机侧变流器可实现发电机组的有功功率、无功功率解耦及机组的最大功率捕获。机侧变流器的交流侧与永磁同步发电机直接相连，直流负载应用在直流侧，其等效电路如图 8.3 所示。电压型 PWM 整流器(VSR)的开关过程可以用开关函数对其进行精确描述，但要做以下假设[2]：

(1) 电网电压为正弦电压且三相对称；

(2) 所用器件均为理想功率器件，忽略所有器件的损耗；

(3) 在机侧变流器的一个开关周期保持电网电压相同；

定义开关函数(S_a、S_b、S_c)为

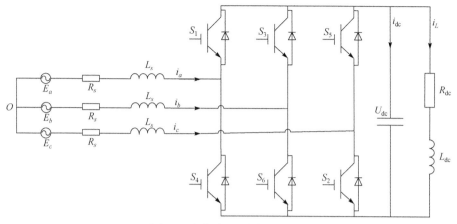

图 8.3 机侧变流器的拓扑结构

$$S_a = \begin{cases} 1, & S_1 导通, \ S_4 关断 \\ 0, & S_4 导通, \ S_1 关断 \end{cases}$$

$$S_b = \begin{cases} 1, & S_3 导通, \ S_6 关断 \\ 0, & S_6 导通, \ S_3 关断 \end{cases}$$

$$S_c = \begin{cases} 1, & S_5 导通, \ S_2 关断 \\ 0, & S_2 导通, \ S_5 关断 \end{cases}$$

由基尔霍夫定律可得出机侧变流器在三相静止坐标系下的电压微分方程为

$$\begin{cases} L_s \dfrac{\mathrm{d}i_a}{\mathrm{d}t} = E_a - R_s i_a - \left[s_a - \dfrac{1}{3}(S_a + S_b + S_c) \right] U_{dc} \\[2mm] L_s \dfrac{\mathrm{d}i_b}{\mathrm{d}t} = E_b - R_s i_b - \left[s_b - \dfrac{1}{3}(S_a + S_b + S_c) \right] U_{dc} \\[2mm] L_s \dfrac{\mathrm{d}i_c}{\mathrm{d}t} = E_c - R_s i_c - \left[s_c - \dfrac{1}{3}(S_a + S_b + S_c) \right] U_{dc} \\[2mm] C \dfrac{\mathrm{d}U_{dc}}{\mathrm{d}t} = i_{dc} - i_L \end{cases} \tag{8.1}$$

式中，E_a、E_b、E_c 分别为电机端口三相输出电压；R_s 为电机定子绕组相电阻；L_s 为电机定子绕组相电感；i_a、i_b、i_c 分别为定子三相电流；i_{dc} 和 U_{dc} 分别为直流母线电流和电压；C 为电容；i_L 为负载电流。

机侧 PWM 变流器的控制对象是发电机，这里写出发电机的定子电压方程[3]：

$$\begin{cases} u_{sd} = R_s i_{sd} + L_{sd}\dfrac{\mathrm{d}i_{sd}}{\mathrm{d}t} - \omega_e L_{sq} i_{sq} \\[2mm] u_{sq} = R_s i_{sq} + L_{sq}\dfrac{\mathrm{d}i_{sq}}{\mathrm{d}t} + \omega_e (L_{sd} i_{sd} + \psi_f) \end{cases} \tag{8.2}$$

式中，u_{sd}、u_{sq} 为三相定子电压 d、q 轴分量，V；i_{sd}、i_{sq} 为三相定子电流 d、q 轴分量，A；L_{sd}、L_{sq} 为定子同步电感 d、q 轴分量，H；$\omega_e = p\omega_g$ 为转子电角频率，p 为极对数，ω_g 为发电机转速，rad/s；ψ_f 为永磁体磁链，Wb。

发电机电磁转矩方程为

$$T_e = \frac{3}{2}p\left[\psi_f i_{sq} + (L_{sd} - L_{sq})i_{sd}i_{sq}\right] \tag{8.3}$$

可以看出，通过控制发电机 q 轴电流可以控制发电机电磁转矩。机侧 PWM 变流器控制策略采用零 d 轴电流控制策略，控制永磁同步发电机 d 轴电流为零，q 轴电流根据最佳 C_p 值获取。此处的控制目标是通过发电机转矩控制实现叶轮转速调节从而达到最大功率捕获的目的。图 8.4 为机侧变流器控制简图。

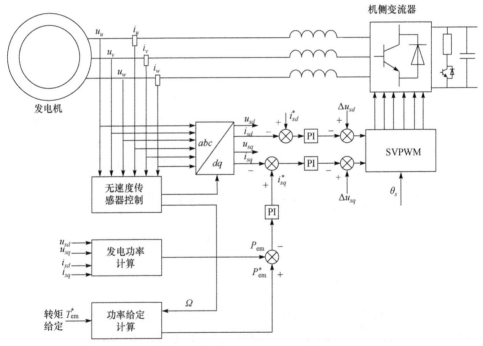

图 8.4　机侧变流器控制简图(SVPWM 指空间矢量脉宽调制)

机侧变流器实现功率外环和电流内环控制，在实时跟踪给定发电功率控制的前提下，实现定子电流的最优控制。机侧通过无速度传感器来计算电机转速(无需编码器)，电压大于 120V 后可通过锁相控制进行机侧加载。若机侧加载条件满足，则从主控下发加载指令到加载成功只有通信延时时间，在 100ms 以内。变流器也可以工作在离线加载模式，即通过自己检测转速，根据提前设定好的转速-转矩或功率的逻辑关系进行加载控制。

2. 网侧 PWM 逆变环节

网侧逆变器采用 PWM 逆变模式，维持直流母线上的电压稳定，能够向电网稳定输送功率。网侧变流器的拓扑结构如图 8.5 所示。

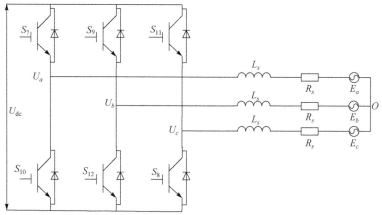

图 8.5　网侧变流器的拓扑结构

定义开关函数$(S_a、S_b、S_c)$为

$$S_a = \begin{cases} 1, & S_7导通，S_{10}关断 \\ 0, & S_{10}导通，S_7关断 \end{cases}$$

$$S_b = \begin{cases} 1, & S_9导通，S_{12}关断 \\ 0, & S_{12}导通，S_9关断 \end{cases}$$

$$S_c = \begin{cases} 1, & S_{11}导通，S_8关断 \\ 0, & S_8导通，S_{11}关断 \end{cases}$$

由基尔霍夫定律可以得到网侧变流器在三相静止坐标系下的电压微分方程为

$$\begin{cases} L_s' \dfrac{di_a'}{dt} = U_a' - R_s' i_a' - E_a' \\[2mm] L_s' \dfrac{di_b'}{dt} = U_b' - R_s' i_b' - E_b' \\[2mm] L_s' \dfrac{di_c'}{dt} = U_c' - R_s' i_c' - E_c' \\[2mm] C \dfrac{dU_{dc}}{dt} = i_{dc} - i_L \end{cases} \tag{8.4}$$

式中，L'_s 为网侧电感；E'_a、E'_b、E'_c 分别为电网三相电压；U'_a、U'_b、U'_c 分别为逆变器交流侧三相输出电压；i'_a、i'_b、i'_c 为逆变器输出的三相电流；R'_s 为网侧电阻；U_{dc} 为直流母线电压。

进行坐标变换，令 d 轴方向定向于电网电压，则网侧逆变器在 dq 两相同步旋转坐标系中的数学模型为

$$
\begin{cases}
L'_s \dfrac{di'_d}{dt} = E'_d - R'_s\, i'_d + \omega_e L'_s i'_q - S'_d\, U_{dc} \\[2mm]
L'_s \dfrac{di'_q}{dt} = E'_q - R'_s\, i'_q + \omega_e L'_s i'_q - S'_q\, U_{dc} \\[2mm]
C \dfrac{dU_{dc}}{dt} = \dfrac{3}{2}(S'_d\, i'_d + S'_q\, i'_q)
\end{cases}
\tag{8.5}
$$

式中，i'_d、i'_q 和 E'_d、E'_q 分别为网侧 d、q 轴电流和电压；S'_d、S'_q 分别为 d、q 轴的开关函数。

网侧逆变器控制策略采用电网电压定向双闭环矢量控制。此处的控制目标是：保证输出恒定且动态响应好；馈入电网的为功率因数可调的正弦电流。网侧变流器控制策略结构框图如图 8.6 所示。

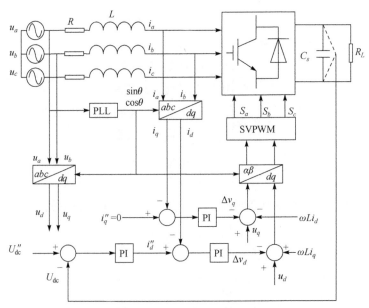

图 8.6   网侧变流器控制策略结构框图(PLL 代表锁相环)

网侧变流器采用直流电压外环、电流内环的控制策略。电压环调节器输出作

为电流内环的给定值,再与实际检测的网侧电流值进行比较,经过 PI 控制器后输出电压控制量 U_q。直流侧不控整流可以得到 976V 左右的直流电压,在实际控制中变流器网侧外环直流电压初始设定为 1060V,因此需要从电网吸收有功功率来将直流电压稳抬高到 1060V。

图 8.7 为 650kW 海流能发电机组采用的全功率变流器实物图。

图 8.7 650kW 海流能发电机组全功率变流器实物图

该变流器主要由配电系统、并网开关、软启动电路、LC 滤波电路、功率模块、Chopper 组件、du/dt 滤波电路、Crowbar 组件等功能模块构成。其中,配电系统内置 690V/400VAC 隔离变压器,为变流器自身及主控提供控制电源;软启动电路主要用于将变流器启动过程中的冲击电流减小到允许范围内;LC 滤波电路用于抑制交流电压畸变和电流谐波,以降低变流器对电网的谐波污染;功率模块是变流器的主体部分,分为网侧功率模块和机侧功率模块,网侧功率模块连接电网,控制能量在直流侧与电网之间流动,维持直流侧电压稳定,机侧功率模块连接发电机定子,实现发电机在不同转速下的功率输出;Chopper 组件是一个释能单元,抑制直流母线过压保护变流器的运行安全,同时辅助实现低电压通过(low voltage ride through, LVRT)功能;du/dt 滤波电路用于抑制定子侧电缆由于长线传输而产生的电压反射形成过电压现象,可将机侧变流器输出的快速瞬变电压降低至 1000V/μs 以内;Crowbar 组件用于泄放定子侧的冲击能量,避免变流器受损。

8.1.2 不可控整流+逆变器并网技术

与上述全功率变流方案相比,本方案中机侧的整流器为不可控整流,系统原理如图 8.8 所示。由于少了可控整流环节,叶轮的转速控制即最大能量捕获是通过直流母线电压调节来间接完成的。

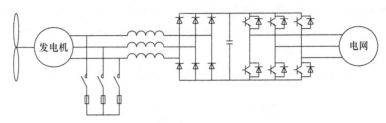

图 8.8 不可控整流+逆变器并网技术

下面以 60kW 和 120kW 海流能发电机组为例，对不可控整流+逆变器并网技术方案进行介绍。值得注意的是，尽管这两台机组采用了类似的并网硬件系统，但在控制策略上有所不同。

1. 60kW 海流能发电机组并网型电气系统工作原理及控制方案

图 8.9 为浙江大学 60kW 海流能发电机组并网技术方案，这里采用了三相桥式不可控整流电路，其具有结构简单、无高频谐波分量的优点，但缺点是无法完成全功率变流器那样的发电机转速准确调节及有功功率、无功功率解耦。

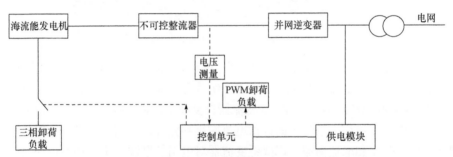

图 8.9 浙江大学 60kW 海流能发电机组并网技术方案

控制器主要分为上位机主控制器和下位机控制器。上位机主控制器主要完成两个功能：一是制定机组的开机及启停、并网逻辑；二是根据下位机控制器和并网逆变器反馈的电气参数，进行电气负载调节，保证机组运行安全。下位机控制器可与整流柜集成设计，其主要起到三个功能：一是通过 PWM 控制海流能发电机的直流母线电压稳定；二是在机组脱网时，使机组的卸荷器进入 PWM 卸荷或三相卸荷状态，保证在脱网情况下的机组安全，避免飞车事故，三相卸荷具有手动投切功能和面板急停开关；三是采集电气系统的参数，并传输给上位机。

下面介绍海流能发电机组的并网过程及最大能量捕获实现方式。

主控系统根据流速流向条件、整流器及逆变器等状态信息，判断机组的启动条件，若条件满足，则控制器复位，机组进入待机状态。随着流速的增加，叶轮转速开始增加，发电机输出交流电及直流母线电压开始升高，当直流母线电压达到并网逆变器的并网电压要求时，由并网逆变器完成并网；若并网不成功，则机组处于空转模式或由下位机控制器调节 PWM 负载短时运行，直到变流器并网成功。

下位机电气控制系统采用了 PWM 恒压控制+三相卸荷控制的能量管理策略：

(1) 正常工作时，PWM 恒压控制器不动作。

(2) 当直流母线电压超过设定电压时，PWM 卸荷进入直流母线恒压模式；当发电功率超出 PWM 恒压功率范围时，三相卸荷会自动启动，进入三相卸荷模式。下位机控制逻辑如表 8.1 所示。

表 8.1　下位机控制逻辑

电压等级	控制器动作
低于 560V	控制器记录直流母线电压，并传输给上位机
560V±5V	PWM 恒压控制启动，使直流电压稳定在 560V 附近
580V±5V	第一组三相卸荷投入
600V±5V	第二组三相卸荷投入
620V±5V	第三组三相卸荷投入

(3) 在并网逆变器脱网时，下位机控制器仍独立保证直流恒压输出、三相卸荷运行或停机状态，电能可由 PWM 卸荷负载或三相卸荷负载消耗掉，同时等待电网及逆变器恢复工作。同时上位机主控制器接到逆变器脱网信号，并按照主控系统设定的控制策略实现安全停机。

这里电气系统并网方案最大能量捕获的实现基于以下条件：当永磁同步发电系统的工作条件(如流速)、叶轮及传动系统结构、发电机等确定后，该发电系统所期望的功率输出特性就是确定的，即最大能量捕获曲线为 $P = k\omega^3$，而通过厂内拖动试验，可以获得期望工况下的转速-功率-电压关系。这样就可以根据实时测量的直流母线电压，向变流器给定发电机所需要的加载功率，从而使机组运行在最佳工作曲线附近。最大能量捕获的控制原理如图 8.10 所示。

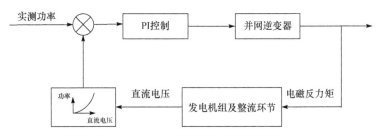

图 8.10　并网逆变器实现最大能量捕获控制原理

　　与前述全功率变流器中的网侧逆变器工作原理不同，这里并网逆变器的控制逻辑是被设计用于机组的最大能量捕获。60kW 海流能发电机组的转速-功率-电压关系如图 8.11 所示，但实海况运行时，由于叶轮的转速并不稳定，所以该图只能为参数的预设提供参考，具体的参数设置需要根据机组的实际运行情况进行调整。

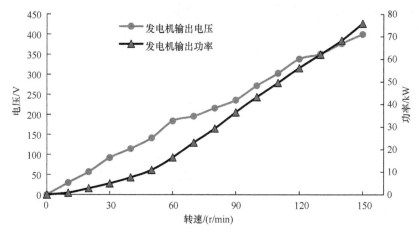

图 8.11　60kW 海流能发电机组转速-功率-电压曲线

　　60kW 海流能发电机组并网逆变器设置的直流电压-功率关系如图 8.12 所示，该参数可以手动进行调整。

MAX	U	P		U	P
P10	540V	56.0KW	P05	455V	16.0KW
P09	520V	46.0KW	P04	440V	12.0KW
P08	490V	38.0KW	P03	425V	8.0KW
P07	480V	30.0KW	P02	410V	4.0KW
P06	470V	22.0KW	P01	380V	1.0KW
			MON		RETURN

图 8.12　60kW 海流能发电机组并网逆变器的直流电压-功率关系

　　事实上，叶轮转速及发电机电压会受到负载的反向作用，所以更多的情况是在设置直流电压-功率表时，某直流电压下设定的功率值往往应小于叶轮最佳捕获功率值，这样才能保证机组的连续稳定运行。当设置的功率大于该转速/电压下的叶轮功率时，就会出现发电机三相欠压，进而造成脱网的故障情况。在图 8.12 中，由于受到功率部件的限制，机组在直流电压达到 380V 后才能进行并网加载。

　　从上面分析可以看出，该套并网技术方案相对简单且成本较低，海上试验证明了该技术也相对成熟。该并网技术方案自 2016 年投入 60kW 海流能发电机组的实海况运行以来,机组可以稳定运行。但受并网逆变器控制策略及硬件条件所限,由于叶轮捕获能量的不稳定,机组在低流速启动时电压波动,进而引发偶尔脱网现象,这就需要通过主控制器控制逻辑改变机组的启停策略,从而保证变流器的安全稳定运行。另外,也可以通过在直流母线侧增加直流-直流(DC-DC)升压变换并细化直流电压-功率关系表来解决。

图 8.13 和图 8.14 分别为上位机控制台和下位机控制柜实物图。控制台和控制柜内均设有防雷器或浪涌保护器,可抑制瞬时过电压,保护设备及系统安全,同时将较大的雷电流泄流入地,保护设备不受雷电冲击。

图 8.13　上位机控制台

图 8.14　下位机控制柜

表 8.2 给出了 60kW 海流能发电机组的并网逆变器参数。由于海流能发电机组一般运行于海岛附近并为海岛提供电能,岛上电网一般为电网末端,电网较不稳定,故逆变器应具有较大的安全工作裕量。

表 8.2　60kW 海流能发电机组的并网逆变器参数

参数名称	取值或说明
额定容量/kW	100
额定交流输出功率/kW	100
最大交流输出功率/kW	110
隔离方式	工频变压器
最大直流开路电压/V	780
最大功率点跟踪范围(直流)/V	450~780
最大直流输入电流/A	250
最大效率/%	94
允许电网电压范围(三相,交流)/V	310~450
允许电网频率范围/Hz	47.5~51.5
总电流波形畸变率/%	<3

续表

参数名称	取值或说明
功率因数	≥0.99
通信接口	RS485/RS232
工作温度/℃	−25～+55
相对湿度/%	0～95，无冷凝
保护功能	极性反接保护、短路保护、孤岛效应保护、过热保护、过载保护、接地故障保护等
冷却方式	强制风冷
噪声水平/dB	<50
防护等级	IP20

为了防止电网断电时海流能发电机组设备无法正常工作，海流能发电装备的每一个控制柜或电气柜除了配备必要的不间断电源，还接入试验电站平台上的储能系统，该储能系统作为后备电源可以供变桨液压系统、控制系统、监控系统及安全保护系统等使用。

2. 120kW 海流能发电机组并网型电气系统工作原理及控制方案

120kW 海流能发电机组并网型电气系统与上述 60kW 海流能发电机组并网系统基本相同，即不可控整流+逆变器并网方案，但 120kW 海流能发电机组电气并网系统采用模块化设计方案，各模块具有相对独立的功能，故可维护性更好。

1) 120kW 海流能发电机组并网型电气系统组成及工作原理

120kW 海流能发电机组并网型电气系统主要由不可控整流器、两台并联的并网逆变器、一个智能配电柜、两组 100kW 卸荷负载和一个晶闸管开关柜组成，如图 8.15 所示。各设备之间的通信、该电气系统与主控系统之间的通信均采用 RS485 通信。

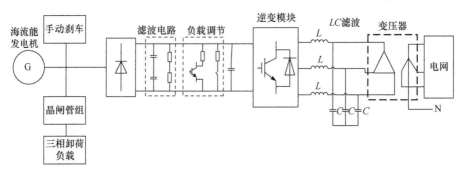

图 8.15　120kW 海流能发电机组电气系统连接图(N 表示星形接线方案的中性点)

120kW 海流能发电机组并网系统的工作原理如图 8.16 所示。通过三相整流器将交流电变换为直流电,再通过相应的滤波电路消除较大的纹波和脉动,以稳定逆变器输入端的直流电压;逆变器输入输出分别连接整流桥的直流母线与 380V 交流电网,它将直流电压逆变再升压后送入电网。逆变控制柜采用恒压控制模式,即控制策略将直流母线电压稳定在某个电压值,如 500V,当海流能发电机组达到一定转速使整流后电压达到逆变控制柜的并网电压时,数字信号处理(DSP)主控单元发送并网信号,逆变控制柜开始并网运行,完成机组发电馈入电网的功能。

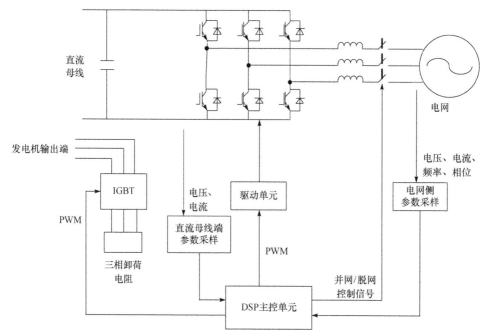

图 8.16　120kW 海流能发电机组并网系统方案(IGBT 指绝缘栅双极型晶体管)

若机组发电功率超过逆变控制柜处理功率,则 DSP 主控单元发出晶闸管合闸信号,接入卸荷电阻,同时断开内部交直流接触器,结束并网,以保护变流器。若电网掉电或者其他故障状态发生,达不到并网要求,发电机组不能通过并网卸放电能,则逆变控制柜会通过检测判断直流母线电压等级来发出晶闸管合闸信号,使机组发电能量通过卸荷电阻释放,防止发电机组飞车。当紧急情况发生或需要进行机组维修时,待机组正常停机后,手动闭合刹车开关,使发电机三相输出短路,实现电气制动,保护系统和人身安全。

逆变器输出端采用升压变压器接入电网,降低了对逆变器输出端电压的要求,从而也可以获得较宽的发电机并网运行工作转速范围。此外,通过隔离变压器与三相电网连接,实现逆变器输出与电网隔离,同时又可以将逆变器输出波形中的直流分量滤掉，从而减少对电网的污染。

　　系统上电后，并网逆变器进入自检模式，自检结束后进入停机模式，可以通过远程通信端口或现场手动开启逆变器，各参数在首次并网运行时设定。逆变器开启后，如果一切状态正常即并网接触器吸合，则直流母线建立起稳定的直流电压(120kW 机组设定值为 500V)，逆变器进入待机状态，直到整流输出电压(U_p)大于逆变器设定的直流电压，机组开始向电网输送功率，其工作逻辑如图 8.17所示。

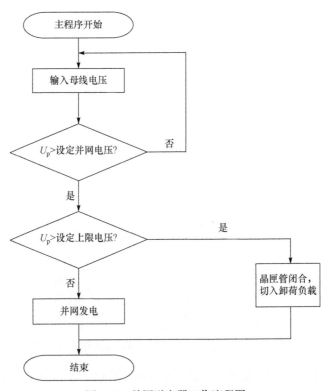

图 8.17　并网逆变器工作流程图

　　120kW 海流能发电机组的电气系统各设备实物如图 8.18 所示。

2) 并网逆变器的能量控制策略

　　海流能发电机组正常发电时，并网逆变器通过电网电压定向控制运行在恒压模式，主机实时检测直流母线电压，并与设定的直流电压进行比较，电压误差信号经过 PI 控制器后输出 IGBT 驱动信号，并调节负载使直流电压维持在设定电压附近。

　　120kW 海流能发电机组的功率控制方法是通过在线控制海流能发电机组的直流母线电压，实现机组的最大能量捕获。采用电网电压定向控制时，有功功率

$P = U_d I_d$，电网电压平衡且固定的情况下，其在 dq 轴的分量 U_d 就是固定的，所以可通过控制网侧的有功电流 I_d 控制叶轮捕获功率。

图 8.18　120kW 海流能发电机组的电气系统各设备实物(整流柜、储能逆变器及晶闸管柜)

当发电机稳态运行时，具有确定的功率、转速和直流母线电压关系，该关系近似于图 8.19。该方法不是直接调节永磁同步发电机的电磁转矩，而是通过调节系统输送到电网的有功功率和无功功率来改变永磁同步发电机的转速，使其工作在最佳叶尖速比状态。当海流流速在较大范围内变化时，电压源型逆变器的调节作用很有限，只能在较小的范围内进行调节。并网运行时对海流能最大功率点的跟踪易导致直流母线电压稳定性变差，出于安全考虑，须设计直流母线电压保护功能。

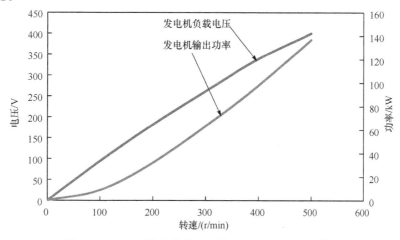

图 8.19　120kW 海流能发电机转速-电压-功率关系曲线

为了验证 120kW 海流能发电机组并网运行技术以及功率控制策略，下面基于 MATLAB 仿真平台对其进行仿真分析。图 8.20 给出了机组及并网系统模型，它由叶轮模块、永磁同步发电机、不可控整流器、三相可控全桥逆变器、逆变器控制模块、滤波器及变压器等组成。

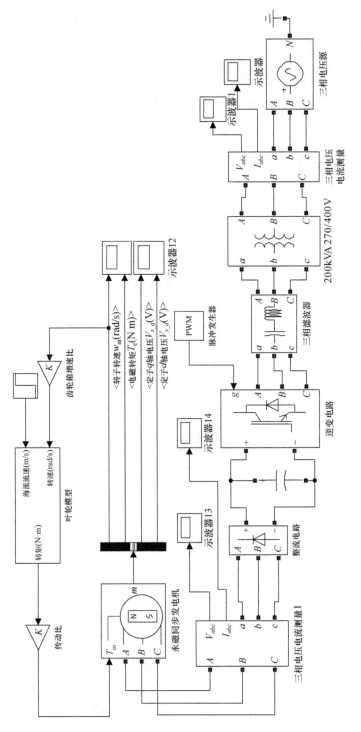

图8.20 海流能发电机组并网运行仿真模型

如前所述，仿真模型中的逆变器控制模块采用基于电网电压定向的电压电流双闭环控制策略，系统主要仿真参数如表 8.3 所示。

表 8.3　系统仿真参数

叶轮参数		永磁同步发电机参数	
叶轮直径/m	8.8	额定电压/V	400
节距角/(°)	0	额定频率/Hz	50
叶轮转速/(r/min)	20	相间电阻/Ω	0.028
传动比	25	极数	12
额定功率/kW	120	电感/mH	$L_d = L_q = 0.35/2$

仿真流速条件取浙江省舟山市摘箬山岛海域实测数据，某段时间内的海流流速如图 8.21 所示，最大流速接近 2.5m/s。

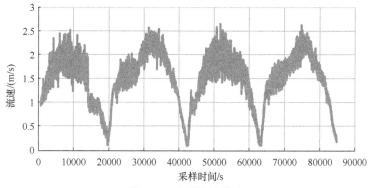

图 8.21　实测海流流速

图 8.22 为在 1.5m/s 流速条件下仿真得到的直流母线电压，从图中可以看出，直流母线电压快速稳定在设定值 500V 附近。图 8.23 和图 8.24 表明输入电网无功电流 $I_q = 0$，有功电流 I_d 稳定在 150A，实现有功功率以单位功率因数送入电网。

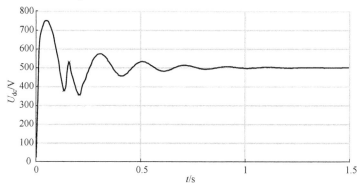

图 8.22　直流母线电压(流速 1.5m/s)

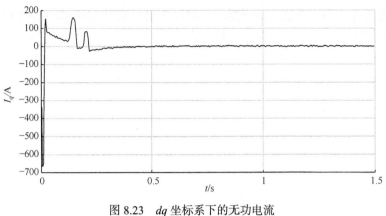

图 8.23　*dq* 坐标系下的无功电流

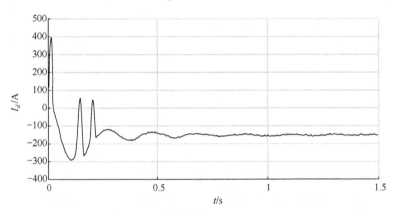

图 8.24　*dq* 坐标系下的有功电流

如图 8.25 所示，采用电网电压定向控制策略可以使电网电压固定在两相同步旋转 *dq* 坐标系的 *d*、*q* 轴上。

由图 8.22～图 8.25 可知馈入电网的有功功率约为 46kW，此时叶轮捕获的功率为 47.3kW，可以计算知道此时叶轮的能量捕获系数 C_p 为 0.46。

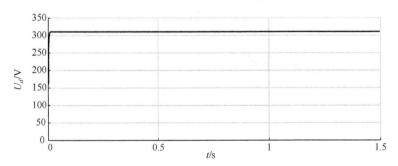

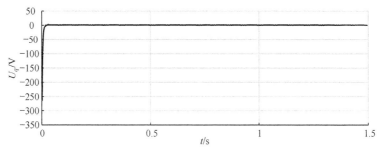

图 8.25　电网电压定向 d、q 轴电压

如图 8.26 所示，采用软件锁相环技术保证并网电流和电网电压同频，相位相反，电能从发电机流入电网。

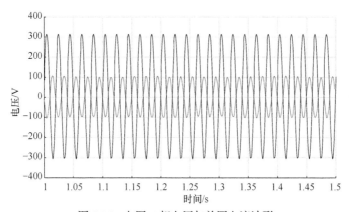

图 8.26　电网 A 相电压与并网电流波形

为了验证系统的稳定性，下面检验仿真系统在流速变化时的动态跟踪效果。仿真时采用阶跃流速输入，设流速在 2s 时由 1.09m/s 变为 1.38m/s。仿真结果如图 8.27 所示，直流母线电压在 2s 时受流速变化而出现波动，但该电压随后被很快调节到 500V 附近，表明系统有较好的动态响应特性。

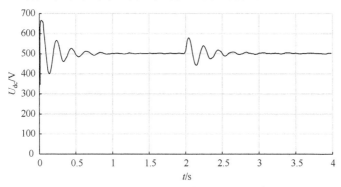

图 8.27　海流流速变化时直流母线电压波形

　　图 8.28 给出了此调节过程中的 d、q 轴电流，同样 I_d 在流速变化时有波动但很快稳定，而且随着流速的增加，有功电流也有所增加，而电流 I_q 基本在零附近波动。

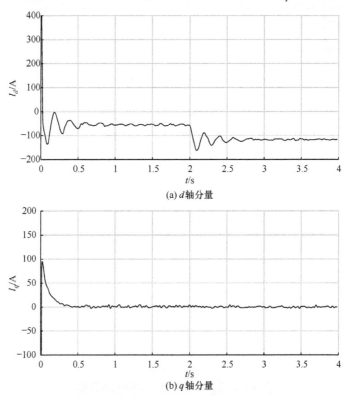

(a) d 轴分量

(b) q 轴分量

图 8.28　海流流速变化时 d、q 轴并网电流波形

　　针对并网时通过改变直流母线电压来调节有功功率从而间接调节永磁同步发电机的转速实现最大功率捕获的问题，本节分别对同等流速条件下直流母线电压分别是 500V 和 480V 时的发电机转速和转矩特性进行了仿真分析。图 8.29 为目标直流母线电压为 500V 时的仿真结果。

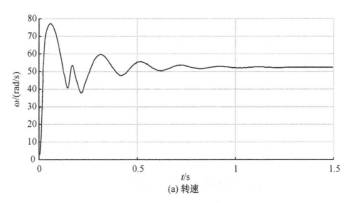

(a) 转速

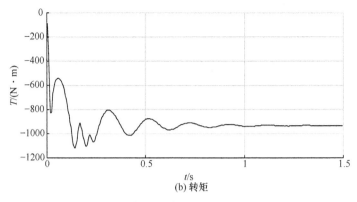

(b) 转矩

图 8.29 发电机转速和转矩(U_{dc}=500V)

图 8.30 为目标直流母线电压为 480V 时的仿真结果，表明系统方案具有较好的响应特性。此外，还可以看出，与 500V 直流母线电压相比，480V 时发电机转矩发生了较显著的变化，由此表明改变直流母线电压可间接改变发电机转速，从而改变叶轮转速，实现机组的最大功率跟踪。

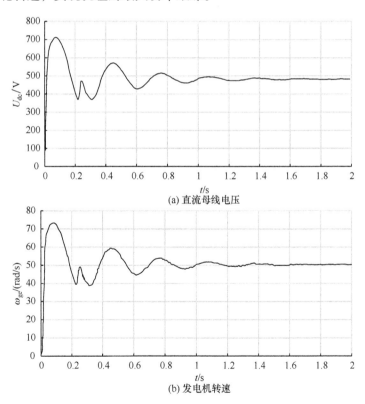

(a) 直流母线电压

(b) 发电机转速

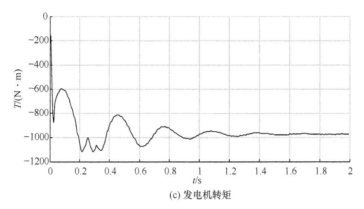

(c) 发电机转矩

图 8.30　直流母线电压、发电机转速和转矩(U_{dc}=480V)

8.2　离网型电气系统

离网型海流能发电机组通常应用于两种场合：一是对开发的海流能发电机组进行海上测试，但无电网的场合；二是离岸式海流能供电设备，如海洋仪器、海上作业或海水养殖等。根据应用场合不同，离网型电气系统可以是储能型系统，也可以是能量耗散型系统。

8.2.1　储能离网型电气系统

1. 系统组成及控制方法

海流能发电机组储能离网型电气系统的基本拓扑结构如图 8.31 所示。系统由海流能发电机组、整流装置、IGBT 及其控制单元组成的充放电控制器、储能单元、卸荷负载、用户逆变装置及主控系统、用户负载等组成。

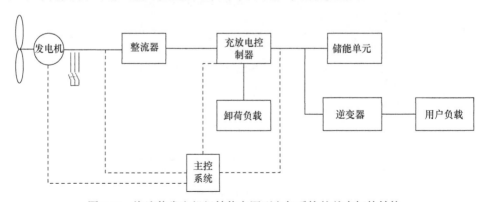

图 8.31　海流能发电机组储能离网型电气系统的基本拓扑结构

发电机输出电能经过不可控整流后，由 IGBT 调节装置及控制系统根据储能单元的充放电要求进行能量管理。同时储能单元并联一路逆变器，将直流电转换成供平台仪器及日常生活所需的 220V 交流电。主控系统主要负责装备状态信息如转速、电压、电流、功率等的采集，同时与充放电控制器进行信号交互，获取实时运行信息，并据此对安全系统下达指令，如停机、保护负载切入等。

充放电控制器是整个系统的核心组件，其工作原理如图 8.32 所示。系统上电启动后，自检通过，进入待机模式。随着水流流速的增加，发电机组克服摩擦阻尼后开始输出功率，当发电机整流后的电压大于储能单元两端的电压时，控制器根据设定的充放电模式或参数要求给 IGBT 模块下达指令，开始给储能单元输入电能。

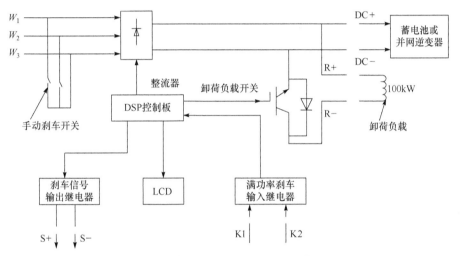

图 8.32　充电控制器工作原理图(LCD 指液晶显示器)

电能控制策略根据用户的需求不同而不同。这里以浙江大学 60kW 储能离网型海流能发电装备为例，介绍其能量管理控制策略。设计中主要考虑蓄电池的高效利用和寿命问题，采用分段充电模式：在充电开始阶段，采用较大的电流进行恒流充电，一方面提高充电效率，另一方面可以避免电池产生热失控；随着机组的运行及充电过程的进行，蓄电池端电压持续上升，当蓄电池端电压上升到一定值时，改用恒压充电，随着充电的进行，蓄电池的充电电流逐渐减小；当蓄电池的充电电流小于设定值时，表明蓄电池已接近充满，随后改用浮充充电模式，以保证电池彻底充足。充电过程中蓄电池电压、电流随时间变化规律如图 8.33 所示。

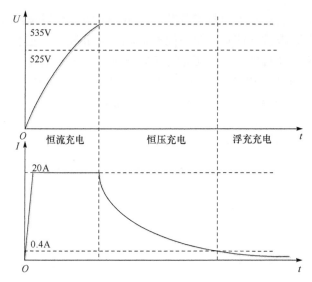

图 8.33　分阶段充电蓄电池电压、电流变化

　　为实现上述充电功能，需要制定相应的电压、电流控制策略。根据图 8.34 的蓄电池充电控制电路，制定的具体控制方法如图 8.35 所示。控制器采集蓄电池实时的充电电压和电流，将其与设定的控制目标值相比较，产生误差信号，并由 PID 控制器产生 IGBT 相应的 PWM 控制信号，改变电路中 IGBT 的占空比。当 IGBT 的占空比发生改变时，其所在支路内的等效阻值就发生变化，导致负载侧(储能单元和卸荷负载)的总等效阻值改变，这一方面会引起叶轮转速的改变，另一方面 IGBT 卸荷支路等效负载的改变可以用于蓄电池充电电压及充电电流的调节，其本质就是引入实时调整的卸荷负载，在保证叶轮功率与负载功率平衡的基础上，作为一个可控的电子负载来调节输入蓄电池功率的大小。

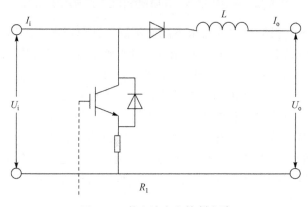

图 8.34　蓄电池充电控制电路

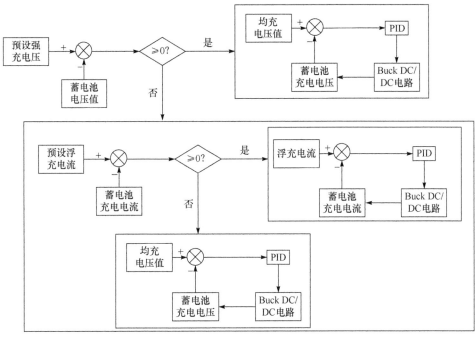

图 8.35 蓄电池充电控制原理图

60kW 海流能发电机组选择的储能单元及设置的部分控制参数如表 8.4 所示。

表 8.4 铅酸蓄电池参数

参数名	数值
额定电压/V	456
额定容量/Ah	200
恒流充电电流/A	20
恒压充电电压/V	530
浮充充电电压/V	525

2. 电气系统及控制策略的仿真验证

建立 60kW 海流能发电机组数学模型，并分析其在图 8.36 流速条件下的充放电控制特性。采样周期为 1s，为了更好地观察仿真效果，对实测流速进行了时间尺度上的缩小，即图中横坐标 0~100s 实为 0~10000s 时间内的流速分布。

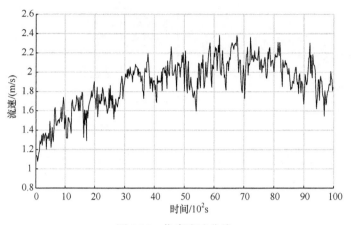

图 8.36　仿真流速曲线

图 8.37 和图 8.38 给出了在该流速下机组发电时蓄电池由恒流充电转换为恒压充电时充电电压和充电电流的变化过程，设置蓄电池的初始电压为 479V。从图中可以看到，开始发电阶段蓄电池按照设定的 20A 恒流充电，随着充电的进行，蓄电池电压逐渐上升至 535V，随后控制器进入恒压充电模式，并随着蓄电池的荷电状态接近 1，充电电流越来越小。

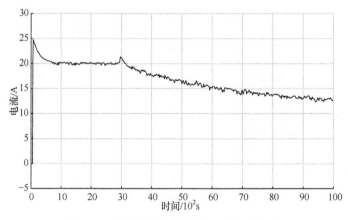

图 8.37　恒流充电转恒压充电的充电电流

图 8.39 和图 8.40 给出了蓄电池由恒压充电转换为浮充充电时充电电压和充电电流的变化过程。仿真中设定蓄电池初始荷电状态达到 95%，且将进入浮充充电的电流判别条件改为 $I<10A$。仿真结果符合预期，表明控制策略的有效性。

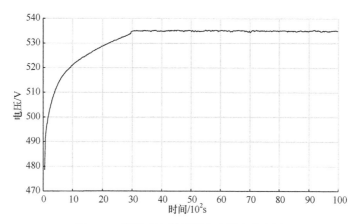

图 8.38　恒流充电转恒压充电的充电电压

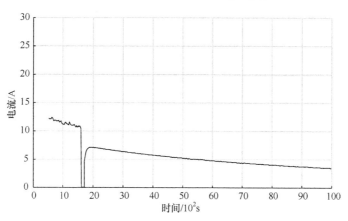

图 8.39　恒压充电转浮充充电时的充电电流

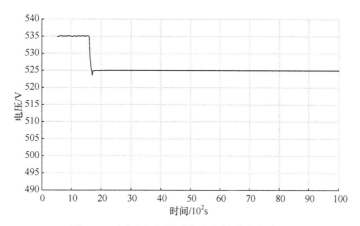

图 8.40　恒压充电转浮充充电时的充电电压

图 8.41 为 60kW 海流能发电机组储能离网型电气系统实物图。

图 8.41　60kW 海流能发电机组储能离网型电气系统实物图

上述电气系统及控制方案具有系统结构简单、可靠性高等优点，但其缺点也较明显：①受蓄电池容量的限制，多余的功率需要通过卸荷负载耗掉，会造成能量的浪费，所以如何实现叶轮功率与用户负载、储能单元的合理匹配，并综合考虑应用成本是储能离网型海流能发电利用的一个重要问题；②系统中 IGBT 作为唯一的执行机构用于储能单元的电压、电流控制，无法兼顾叶轮转速调节及最大能量捕获控制，即无法"首尾兼顾"。

3. 电气系统及控制策略的现场试验验证

为有效验证上述电气系统的可行性,这里进行该电气系统的现场测试,图 8.42 为现场测试结果。由图可见，机组刚启动时，叶轮捕获能量较小，均未达到蓄电池设定的充电电压和充电电流值，故此时处于小电流充电状态；随着流速的增加，发电功率不断提高，储能系统进入恒流充电模式。在恒流充电的过程中，蓄电

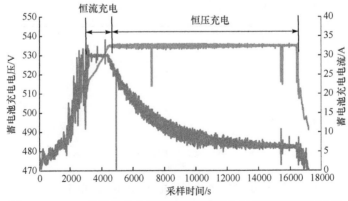

图 8.42　60kW 海流能发电机组储能离网型电气系统现场测试曲线

池端电压不断升高至设定的 535V 恒压控制点，机组开始进入恒压充电模式，随着蓄电池的逐渐充满，充电电流逐渐减小。当充电电流小于设定的浮充电流点时，系统切入浮充电压充电状态。

8.2.2　基于电压调节的离网型电气系统

基于电压调节的离网型电气系统如图 8.43 所示，系统由不可控整流模块、IGBT 模块、消耗负载及电压电流功率测量单元等组成。该系统与前述 60kW 储能离网型电气系统相比，区别在于没有了储能单元，且负载足够大以便能够消纳叶轮捕获的功率。由于机组负载足够大，在不过压、不过流的前提下，系统控制的重点可以是叶轮的最大能量捕获及相应的控制算法。该方案结构简单可靠、成本较低，非常适用于机组研发初期的海试验证。

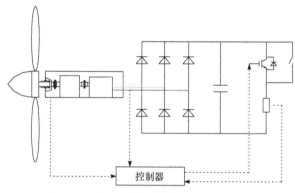

图 8.43　基于电压调节的离网型电气系统

此类系统的控制方法相对简单，以阻性负载为例，一旦知道了叶轮的功率特性即 $P=k\omega^3$，通过测量叶轮转速即可获得机组的最佳目标功率，与实测功率进行对比后，控制器给出 IGBT 驱动信号以调节负载两端的电压，即可实现叶轮的最佳能量跟踪。

8.3　本 章 小 结

电气系统是海流能发电装备输出电能的电力转换装置，发电机输出功率可以并入电网也可以存入储能单元。本章对海流能发电装备常用的电气系统进行了介绍，包括并网型电气系统和离网型电气系统；重点对这两类电气系统的结构组成、工作原理及控制方法进行了介绍；部分电气方案也经过了机组海上实海况测试，验证了方案的可行性。

参 考 文 献

[1] 杨威. 并网型风电机组全功率变流器设计[D]. 长沙: 湖南大学, 2012.

[2] 林瑞光. 电机与拖动基础[M]. 杭州: 浙江大学出版社, 2003：216-218.

[3] 尹明, 李庚银, 张建成, 等. 直驱式永磁同步风力发电机组建模及其控制策略[J]. 电网技术, 2007, 31(15): 61-65.

第 9 章　水平轴海流能发电机组控制系统

控制系统是海流能发电装备的核心组件,它是海流能发电系统安全可靠运行、实现最优功率捕获和改善输出电能质量的重要保证。海流能发电机组控制系统主要功能包括以下几点:①协调机组各子系统的功能,如变桨系统、功率控制系统、制动系统等,保证机组机械系统和电气系统的可靠、安全、稳定运行;②提升机组性能,改善机组能量捕获特性,如低于额定流速下的最大能量捕获和高于额定流速时的变桨功率控制;③实现系统的能量管理和优化,如蓄电池充放电管理、负载匹配等。

9.1　海流能发电机组控制系统分析与设计

本节基于作者团队前期完成的 25～650kW 系列化海流能发电机组的研制与海上试验经验,对海流能发电机组的控制系统进行介绍。由于海流能发电装备尚处于产业发展的初级阶段,故对控制系统的产业化开发仍需经过长期的实海况验证。此外,控制系统软硬件设计的规范化和标准化也有待于后续的研究。

9.1.1　海流能发电机组控制系统功能分析

海流能发电机组控制系统的特殊性体现在:

(1) 海流能发电机组水下工况环境和机组工作状态复杂多变,常因外在环境如湍流、涡流、台风等和系统自身工况的变化而导致负载扰动、参数摄动等情况时有发生,所以系统本身具有很强的非线性,对控制系统可靠性、响应快速性和准确性要求更高。

(2) 海流能发电机组是一个复杂的机电液系统,其控制模型涵盖了不稳定的来流能量输入、水流与叶轮的非线性流固耦合、机械-发电机相耦合导致的传动系统谐振、变桨机构载荷多变等问题,需要有相适应的控制算法实现电气功率、机械负载与系统状态的相对稳定。

从工程上讲,海流能发电机组的控制系统应具备以下功能:

(1) 机组的自启动、停机、保护等过程逻辑控制。在机组开机后进行自检、初始化等操作,并开始数据记录。自检主要包括机组本体状态、电控单元端口状态、电网端电参数检测及系统安全链的状态检测等,确认系统无故障,可进行安全启动。初始化包括软件状态参数初始化、人机交互界面初始化、硬件输出端口初始化，并完成叶片复位、液压驱动系统复位、刹车系统复位以及各继电器、接触器的复位。数据记录需要完整记录整个运行周期内的数据，包括机组运行、停止、故障等各种工况，以待后续分析使用。完成启动过程之后，海流能发电机组进入待机阶段，等待流速达到启动流速。

机组停机，停机分为正常停机、快速停机和紧急停机。正常停机过程：首先，叶片以设定的变桨速度顺桨至 90°，功率减小，当发电机转速或者直流母线电压降低到设定值时，控制系统发出脱网信号，并依次投入制动负载及液压制动系统，机组停止运转。紧急停机过程：当系统发生重大故障或安全隐患时，启动紧急停机程序并触发安全链硬件电路，叶片快速顺桨，电阻负载和液压刹车系统按设定的投入逻辑同时切入。

(2) 运行状态监测与数据记录分析。控制系统采集机组的所有运行参数和状态。关键状态信息在监控屏上实时显示，使操作人员可以观察海流能发电机组运行状态，必要时通过人机界面(human machine interface, HMI)进行人工干预，保证系统安全运行。另外，控制系统将采集的数据进行分析整理并写入存储数据库。下面给出一些需要记录的常用状态参数。

① 机械系统状态：转速、高低速轴振动、润滑油温、轴承温度、漏水信号等。

② 发电机状态：输出电压、电流、功率、功率因数，发电机轴承温度，定子绕组温度，累计发电量，漏水信号。

③ 变桨机构：叶片节距角、变桨速度、轮毂漏水检测信号等。

④ 并网或离网运行参数：并网状态信号、馈入电网有功功率、无功功率、功率因数、直流母线电压、累计发电量、电网电压/频率、充电电压/电流等。

⑤ 液压系统：液压驱动系统压力/流量、油箱液位等。

其他参数还包括海流流速流向、故障信号、继电器状态开关信号、蓄电池电压、负载功率等。

(3) 远程通信与控制。海流能发电机组在海上要长时间不间断地稳定运行，为了掌握机组实时运行状态并确保系统的安全性，需对机组进行远程监测与控制。因此，机组的主控制系统需要接入传输控制协议/网际协议(TCP/IP)网络系统，使远程操作人员可通过网络访问主控系统，进行状态检查和必要的控制操作。

(4) 机组功率控制功能。在额定流速以下时，发电机功率低于机组额定功率，由控制器完成最大能量捕获控制策略的执行，实际应用较多的方法包括发电机最优转矩控制、爬山法功率控制等。机组功率控制的目标是根据外部海流流速的变化，通过改变叶轮转速，使其工作在最佳的能量捕获状态。以直接转速为例，流速流向仪测得海流流速并将流速信号传送给控制器，控制器根据叶轮的能量捕获特性曲线给出当前期望的叶轮最佳转速，与实际转速对比后，控制器根据控制算法生成发电机的加载转矩，从而实现叶轮转速的调节和最优功率捕获功能。详细的功率控制策略在后面的章节中进行介绍。

(5) 变桨控制。变桨控制系统可以作为主控系统的一部分，也可以作为主控系统下的子控制系统，其主要功能如下：①机组停机过程中，使叶片顺桨至 90°；②在海流换向时，将叶片旋转 180°，使机组能够双向发电；③在机组输出功率大于额定功率时，进行变桨控制，使发电功率限定在允许的功率范围内，保证机组安全；④机组启动过程中，通过节距角调节使叶片处于最佳启动节距角，提高海流能利用率。

(6) 并网控制。当机组开启后，控制器监测变流器及电网状态，并根据设定的并网逻辑开启变流器，对机侧变流器进行转矩加载等。以浙江大学 650kW 海流能发电机组为例，控制系统完成自检后，开启网侧变流器，待发电机转速达到并网要求后，主控单元发送机侧变流器切入信号并实时加载，完成并网过程。当需要进行停机或者有故障发生时，主控单元发送脱网控制信号，使机组与电网脱离。

9.1.2　海流能发电机组控制系统设计原则

1. 机组保护原则

控制系统的首要功能是通过制定合理的控制策略和保护逻辑确保海流能发电机组的正常、安全、稳定运行，使发电系统各项参数处于安全工作范围内。

海流能发电机组运行过程中，控制系统实时监测各部分的运行状态，包括所有硬件系统故障和软件系统异常等，根据系统设定的参数安全运行范围和传感系统反馈信号，控制系统自动触发相应的安全保护动作，主要参数如下：

(1) 功率信号。根据功率和流速的实时监控，进行发电机转速/转矩控制或变桨控制，使机组运行在额定功率以内。

(2) 叶轮转速。应不超过发电机组机械系统设计标准确定的最大转速。

(3) 电压、电流及频率等电气参数。均不超过电气设备运行范围并满足并网规范要求。

(4) 机组冷却及润滑系统状态。保证机组各测点的温度不超过设计指标确定的参数。

(5) 液压系统压力。在变桨系统工作或保压过程中，控制系统应满足其设定的压力范围。

(6) 电网及负载状态。并网运行时的电网故障如电网掉电、电压及频率波动及离网运行时的负载跌落等往往都会引起机组故障停机。

(7) 海上安装平台的加速度或姿态。调整这些参数的目的是防止共振现象及大尺度的平台俯仰及偏航。

基于上述保护原则，控制系统要配备物理安全链系统，该系统是独立于控制软件系统的硬件回路，即使因控制系统软件故障引起系统保护失效，安全链系统也能确保整个发电系统的可靠停机，它是机组安全可靠运行的一道有效屏障。

2. 机组智能化自主运行原则

控制柜上电后，控制系统进行整个发电系统自检，若外部水文条件、机组内部状态参数等均正常，则各子系统自动复位，机组进入待机模式。

当海流流速达到启动流速，叶轮开始旋转直到发电机转速到达并网转速时，控制系统下达并网转速指令，并进入正常发电状态。

机组在并网运行过程中遇到故障时，控制器需根据故障等级及内置逻辑程序确定停机模式(正常停机、快速停机和紧急停机)。对于控制器可自行处理的故障，故障解除后机组自动恢复运行。当发生重大紧急情况时，需操作人员确认并解决后人工复位。

3. 环境适应性及可靠性原则

海洋的高湿、高盐雾环境给控制系统的设计带来了很大的困难，除了定期维护，硬件系统的设计应充分考虑控制元件的防盐雾、通风散热等方案。此外，海流能发电机组工作在相对偏远的恶劣海洋环境中，这往往会导致相对较高的维护维修成本，所以控制系统除较高的可靠性及环境适应性，必要的冗余性设计及运行维护方法也很重要。

9.1.3　海流能发电机组控制系统架构设计

一个较典型的海流能发电机组的主控系统拓扑结构如图 9.1 所示，主要包括主控制器(作为上位机控制器)、变桨距控制器(也可以根据系统的复杂程度与主控制器整合在一起)、充放电控制器(用于离网设备)或变流控制器(用于并网设备)、数据采集与监视控制系统(SCADA 系统)、人机界面，以及辅助功能的保压系统及制动系统等。

主控制器是整个控制系统的核心，它完成整个系统的信息采集、处理与分析和指令下达，所以它除了中央处理器(central processing unit, CPU)，还包括一系列的外围设备接口，如主控输入输出模块(根据控制需要，可以配置不同数目的数字量输入输出模块和模拟量输入输出模块)、流速流向仪、电参数测量、RS485/ RS232 或现场总线通信模块、高速计数模块、不间断电源电量检测模块等，并通过通信接口与变桨控制器、并网变流器及平台子控制器、SCADA 系统等进行实时信息交互。

变桨距控制器的主要功能是接收主控制器的节距角指令信号，采集变桨机构的状态反馈信号，从而形成节距角闭环控制系统。其控制对象是变桨驱动系统的液压泵、电磁阀等。

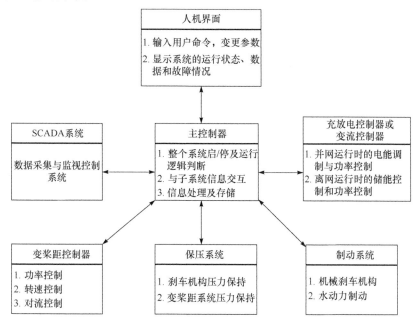

图 9.1　一个较典型的海流能发电机组的主控系统拓扑结构

海流能发电控制系统的设计主要分为硬件系统工程设计和软件系统设计。工程设计主要考虑控制器所处工作环境的特殊性和复杂性，包括结构振动、环境高盐高湿等。所以，电路设计、元器件选型等应具有较高的可靠性和冗余性。通常的做法是将控制器及变流器等电力电子单元置于舱内或中空的桩基内部等相对干燥且具备一定密封条件的空间，并辅之以必要的温湿控设备。

软件系统设计应在满足发电系统的正常开停机、系统安全稳定运行的基础上，提升机组工作效率，实现机组状态监测、故障报警、人机交互、信息远程传输等。

9.2　海流能发电机组控制系统应用设计

9.2.1　海流能发电机组控制系统硬件设计

以作者团队研制的 650kW 并网型海流能发电机组为例，机组控制系统整体硬件结构如图 9.2 所示。该控制系统包括中央主控模块、液压变桨距控制器、

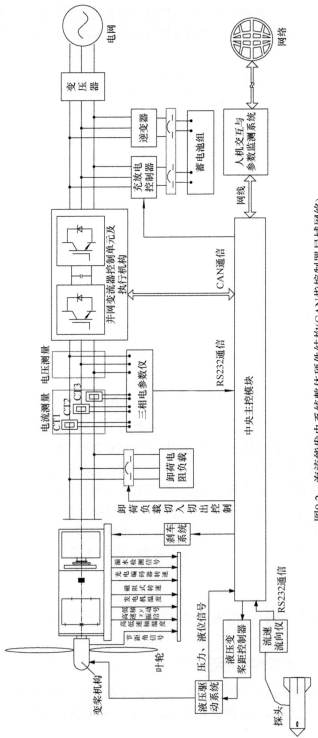

图9.2 海流能发电系统整体硬件结构(CAN指控制器局域网络)

并网变流器控制单元及执行机构、充放电控制器、人机交互与参数监测系统(包括各类型传感器信号、电气参数仪表)等。此外该系统还包括直流供电单元、各类接触器/断路器、信号指示灯及防雷保护器件、液压阀驱动板、各类面板按钮等。相关电气隔离标准与信号标准采用一般工业应用标准。

由于机内状态传感信息较多，所以信号传输电缆数目较多，为了改善现场安装的工艺性，可以通过在机组内部增加专门用于机组状态参数获取的采集模块和用于将数据传至控制器的网络通信模块，该方案极大地精简了数据线缆，如图 9.3

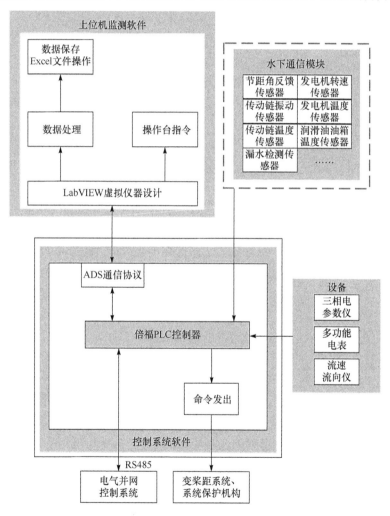

图 9.3　120kW 海流能发电机组控制系统水下通信模块方案

所示。但这种方案的潜在风险是一旦通信模块出现故障，则无法获取整个机组的状态信息，所以在提高密封可靠性的同时，需要做好足够的冗余准备，同时也可以根据信号的重要性，将信号回路分为若干支路，如状态采集通道、指令通道等。作者团队在 120kW 海流能发电机组的控制系统就采用了这类模块化的技术方案。

下面对海流能发电机组控制系统关键部件设计技术进行详细介绍。

1. 主控制器选型

综合对比现有工控机、PLC、单片机控制器等的优缺点，并考虑海流能发电机组的工况环境特点及工作特点，以及产品配套、工业领域应用情况、成本等因素，机组上位机主控制器应采用环境适应性强的 PLC，较多地采用德国西门子、日本三菱、德国倍福 PLC 等工业级的控制器。作者团队系列化海流能发电机组主控系统大多选用 Beckhoff CX9020 嵌入式控制器。

以 120kW 海流能发电机组为例，其上位机主控制器的接线方案如图 9.4 所示，图中给出了主控制器、输入输出模块 EL1008 和 EL2008 及网络通信接口。

120kW 海流能发电机组上位机主控制器的主要功能有：①读取传感器信号，并与下位机控制器如并网变流器、保护系统控制单元等进行数据交互，根据状态信息发出开停机指令；②主控系统集成了液压变桨控制功能，可以根据发电机功率反馈信号，下达控制指令给变桨执行机构，完成机组在额定流速以上时的功率控制；③人机交互功能，PLC 将机组运行状态实时传输给上位机显示界面并根据预设逻辑进行报警，同时通过操作台可以手动给 PLC 下达指令。120kW 海流能发电机组的下位机控制器变流器控制单元采用了 DSP 控制器，该控制器通过 CanOpen 通信协议与上位机主控制器进行数据交互。用于系统安全保护的控制器通过 RS485 协议与主控制器进行通信。

根据 120kW 海流能发电机组的设计需求，对控制系统的信号采集及显示单元进行设计，完成输入输出量的分配，确认其信号类型与通信方式，并分配通信接口。常用的输入输出信号如表 9.1 和表 9.2 所示，其与控制器的通信方式如图 9.5 所示。

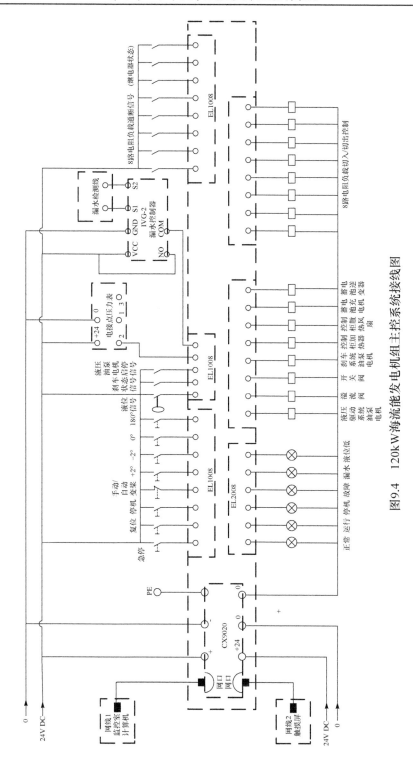

图9.4 120kW海流能发电机组主控系统接线图

表 9.1 常用控制器输入信号

信号类型	信号说明	输入输出类型	备注
按钮/开关信号	复位	DI	
	停机	DI	
	急停	DI	
传感器信号	温度	AI	高/低速轴承、润滑油、发电机、控制柜等温度
	振动	AI	高速轴、低速轴在 x、y 方向的振动, 安装平台振动
	节距角信号	AI	
	转速传感器信号	AI	光电编码器及接近开关转速信号
	液压系统信号	AI	压力、液位等
	漏水信号	DI	
	制动状态信号	DI	
仪器设备通信信号	水温/流速/流向计信号	RS232	
	三相电参数仪信号	RS232	
	电能表信号	RS485	累计发电量
	蓄电池电压	RS485	
	变流器通信信号	CanOpen	并网状态信号, 网侧电压、电流、有功/无功功率、频率等, 机侧发电机电压、电流等

表 9.2 常用控制器输出信号

信号类型	信号说明	输入输出类型	备注
控制信号	变流器指令信号	CanOpen	并网指令信号、转速/转矩/功率信号指令等
	系统保护控制信号	RS485	变桨指令、制动指令等
	液压系统控制信号	AO/DO	液压阀控制、油泵启停(含变桨及制动系统)
	卸荷负载切入/切出	DO	
	蓄电池逆变器启/停	DO	
	充电机启/停	DO	
	柜内温湿控制信号	DO	加热器、散热风扇
控制柜及操作台指示灯信号	电源	DO	
	机组状态指示信号	DO	正常、停机、运行、故障状态等

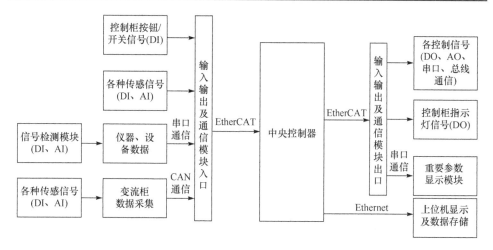

图 9.5 控制器的部分输入输出信号形式

远程监控与管理控制站可以通过 EtherCAT 总线与机组主控制器进行通信，实现数据的远程传输、供远程监测和处理。完成的 120kW 海流能发电机组主控硬件系统的实物图如图 9.6 所示。

图 9.6 120kW 海流能发电机组主控硬件系统的实物图

2. 传感系统选型

本节给出海流能发电机组常用的传感器及其选型方法。机组的传感系统完成机组各部位的状态参数测量，并由控制器进行采集处理。主要检测信号包括：用于水文监测的流速流向；用于机组状态监测的叶轮转速传感器、传动系统振动/温升，发电机轴承及绕组温度，润滑油温，变桨系统节距角信号及漏水监测等；与电气系统相关的，如发电机的电压、电流、频率、电网参数等；液压驱动系统的压力、流量等。

1) 流速流向仪

目前测量流速流向较多的是基于多普勒效应的声学多普勒流速剖面仪 (acoustic Doppler current profiler, ADCP)，这类仪器水下探头一般内装有用于发送和接收信号的超声换能器、电子罗盘、温度传感器和电子测量电路等，测量信号经水下放大电路传输给水面上的测量主机并通过 RS232、RS485、RS422 等协议与海流能发电机组的主控制器进行通信，也可以由控制器根据设定的通信协议直接读取水下测量信号。

下面给出 120kW 海流能发电机组采用的流速流向仪的一些参数指标。

测流范围：0.02～7.00m/s。

测量准确度：1.0%±1cm/s。

流向测量范围：0～360°方位角。

测量准确度：±3°。

水温测量范围为 0～40℃，测温准确度为±1℃。

2) 转速传感器

转速信号是机组功率控制的重要依据，所以其精确度和可靠性非常重要。作者团队 650kW 海流能发电机组采用了风电机组中常用的双通道增量型瑞士林德编码器，其主要特点如下：具有适用于恶劣环境的坚固外壳；拥有防冲击和振动保护功能；达到 IP66 的封装等级；两个电气隔离的编码器在同一外壳中。

为了提高转速测量的冗余性，650kW 海流能发电机组配备了磁阻式或电涡流式转速传感器。此外还在硬件安全链回路加入了超速继电器 LE2131 单通道转速监测保护模块(图 9.7)，它可以通过 RS232 将测得的转速传输给主控 PLC。同时，变流器也可以通过发电机电压和频率，计算出发电机转速，这些冗余配置为主控系统的功率控制提供了保障。

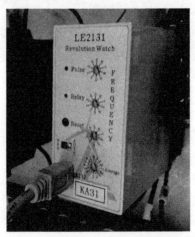

图 9.7　LE2131 单通道转速监测保护模块

3) 振动传感器

受海洋环境和发电机工况特性的影响，海流能发电机组存在高频振动和低频振动。在分析发电系统和平台系统频率特性的基础上，合理配置振动传感器，可以较好地预知机组故障。

海流能发电机组需要监测的振动信号主要包括：齿轮箱传动系统高速轴的 x、y 向(轴向、径向)振动，机组安装架的振动，漂浮式平台的姿态测量等。在海流能发电机组或平台出现共振及异常现象时，应及时停机以保护系统安全。

4) 温湿度传感器

温度传感器用于监控某些关键部件的温升，如齿轮箱高速轴轴承、低速轴主轴承、齿轮润滑油、发电机轴承及定子绕组等。此外，为防止主控柜和设备舱内的电子器件因温度太高或湿度太大引起关键部件的损坏，控制柜、电气柜、船舱等内部除安装温度传感器，还需增设湿度传感器。PT100 温度传感器是常用的温度传感器，使用方便且性能稳定可靠。

5) 电参数测量仪

海流能发电机组受海流能量波动的影响，其输出的电压、电流、频率等变化较为明显，电参数测量仪的选择应满足机组量程的需要，并具备较好的动态响应特性。

3. 控制系统硬件安全链设计

海流能发电机组是一个复杂的机电液系统，而且它处于水下工作环境，机组自身的发电工况复杂，容易产生故障导致的安全问题。加之海流能发电机组的运行维护成本相对较高，一旦发生故障，引起的安全性问题会造成很大的损失。所以，在控制系统设计过程中，机组的安全性保证是放在第一位的，保证人员和机组的安全是最重要的任务。

为了保障系统运行的安全性，考虑系统运行环节中所有必要的安全监测点，根据 EN954-1《机械安全——控制系统有关安全的部件》，有必要设计控制系统的安全链。硬件安全链系统是通过硬件保护机组安全的装置，比控制系统有更高的优先级，在软件系统故障或功能失效的情况下，也能启动系统的安全保护。在海流能发电机组中，根据保护回路的不同，安全链触发的动作也会不同。在 650kW 海流能发电机组中设定的安全链触发动作包括变桨系统顺桨、卸荷负载切入和高速轴液压刹车。一旦安全链系统被触发，海流能发电机组将会执行紧急停机程序，且只有人工现场检查排除故障后，才能进行复位动作。

650kW 海流能发电机组安全链系统触发的条件主要包括(在不同的机型中可以根据运行要求接入其他触发条件)：

(1) 叶轮超速(硬件超速)，当转速超过设定值时会触发超速继电器超速信号。

(2) 发电机超速(硬件超速)，当发电机转速超过设定值时会触发超速继电器超速信号。

(3) 主控节点，控制程序接口可根据具体控制逻辑接入某种自定义的关键安全信号。

(4) PLC 看门狗，当运行过程中出现控制程序跑死时，触发主控模块功能缺失信号。

(5) 机组过振动。

(6) 手动急停，操作人员发现紧急情况，人为断开系统安全链。此外，变流器故障也会触发安全链。

(7) 机组过功率。

(8) 变桨系统故障。

安全链系统执行机构包括(根据设计不同，可以接入不同组件)：

(1) 变桨系统(水动力制动)。

(2) 卸荷负载。

(3) 机械液压刹车(高速轴刹车)。

海流能发电系统安全链电路设计如图 9.8 所示，其执行器件设置为两个常闭继电器，其中一个带延时功能。KA27 继电器接入卸荷电阻负载接触器，带延时

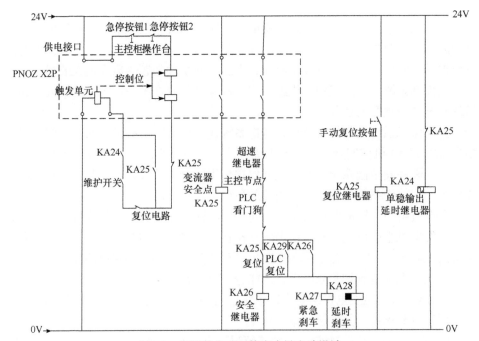

图 9.8　海流能发电系统安全链电路设计

功能的 KA28 继电器接入机械刹车系统接触器。KA27 电子负载刹车投入后可以使机组转速快速下降；KA28 延时切入可以在转速下降到一定程度后，再接入机械刹车系统。

控制系统安全链具体控制逻辑如图 9.9 所示，图中定义"1"为按钮按下、安全节点触发或程序指令触发，而"0"则指正常无动作状态。主控柜急停按钮、操作台急停按钮具有最高优先级，当任意一个被按下时，安全继电器与安全链断开，

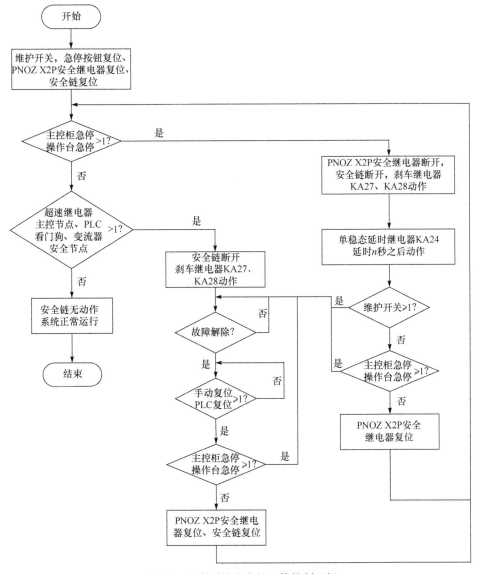

图 9.9 控制系统安全链具体控制逻辑

刹车继电器动作。次优先级为关键位置安全节点，超速继电器、主控节点、PLC看门狗和变流器安全节点串联，任意一个触发或者断开，则系统安全链断开，刹车继电器动作。若次优先级的关键位置安全节点任意一个断开或者处于系统维护模式下，需要操作人员解除所有故障，并手动或者通过控制模块确认复位后，再解除急停状态，才可使安全继电器与安全链全部复位，重新进入正常运行状态。

安全链关键部件安全继电器选用 Pilz 公司的 PNOZ X2P 双通道安全继电器，为机组提供急停功能、手动复位和安全监控门。该安全继电器符合 EN 60947-5-1、EN 60204-1 和 VDE 0113-1 标准。其监控回路末端的继电器控制停机操作，回路的任何一个干节点断开之后，该安全链末端继电器失电，机组会自动进行停机操作。

考虑海流能发电系统开始运行之前的安全检查情况，单独设计了一种维护工况模式。在整体系统启动之前，需要操作人员进行全面的安全巡检，此时为了防止系统突然启动所导致的安全问题，需要按下急停按钮，安全继电器与安全链断开，刹车继电器动作，确保机组无法起转，并且 KA24 单稳态延时继电器触发，延时 n 秒之后动作，具体延迟时间由操作人员根据实际巡检时间需要设定，若不处于维护模式状态，则操作人员巡检确认一切安全正常之后，解除急停，安全继电器自动复位，进入正常系统待开启运行状态。

在电网掉电或变流器/充放电控制器等出现故障的条件下，为防止机组飞车，在具有变桨功能的并网型海流能发电机组中，电网故障或变流器故障通常会触发机组的安全链动作，并引起机组的快速停机。而对于定桨距机组，其无法通过变桨来降低叶轮捕获的功率，所以必须通过必要的控制逻辑切入卸荷负载来耗散掉发电机输出功率或实现电气制动。即使在变桨机组中，考虑到海流能发电机组的技术现状及变桨技术的可靠性，有时也需要配备卸荷负载。

对于离网型海流能发电机组，当海流能发电机组输出功率大于储能单元+负载的容量时，同样需要卸荷负载来完成能量的输入输出匹配。图 9.10 给出了卸荷负载电气接线方案，依据机组容量等级，可以配备不同数量的卸荷负载。考虑到卸荷负载的重要性，通常将其并接到发电机输出端，以防止变流器等电力电子部件故障时引起的卸荷负载失效等问题。

对卸荷负载的切入切出控制既可以由变流器下位机完成，也可以由上位机主控制器来完成。在本节的 650kW 海流能发电机组中，采用了上位机主控制器来完成的方案，并为了尽量减小卸荷负载切入时对传动系统的冲击，制定了卸荷负载的时序切入逻辑。

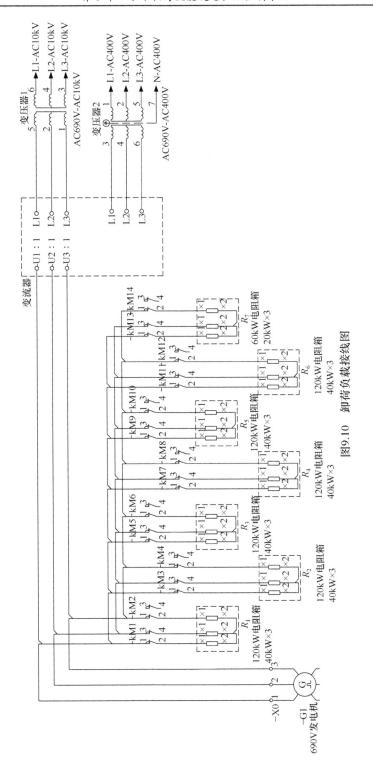

图9.10 卸荷负载接线图

9.2.2　海流能发电机组控制系统软件设计

1. 控制系统软件功能

控制系统的软件功能分为三大部分: 一是实现机组的开关逻辑控制, 即机组启停、状态切换、响应中断、并网/脱网控制等; 二是实现机组的工作性能控制, 如机组最大能量捕获控制、变桨功率及载荷控制; 三是实现机组运行过程中的机组状态、环境参数及电气参数等的记录、分析、存储与数据交互等。

软件程序主要包括五大块: 主程序、并行接口定义与配置程序、库文件调用及配置程序、变量及配置定义程序、自定义功能块函数。主程序主要包括 MAIN 主程序、并行接口定义与配置程序 FAST, 如图 9.11 所示。

图 9.11　程序功能逻辑关系图

MAIN 主程序的功能任务包括: 初始化、复位; 故障检测, 停机、急停; 机组状态判断; 温度、转速、振动等各种数据的采集; 闭环控制, 控制驱动信号生成; 数据存储; 接口通信等。并行接口定义与配置程序 FAST 主要完成输入输出、串口、网口等通信接口的配置, 扫描周期的配置等功能。软件程序扫描周期为 10ms, 在每个扫描周期, 输入输出端口及通信接口数据寄存器都得到刷新, 保证软件的高速响应性。

库文件调用及配置程序主要调用控制器内部库文件, 以及进行符合本软件需求的各种参数配置、功能调用。变量及配置定义程序是定义软件的各输入输出、状态变量的类型, 使这些状态参量与实际用户所需物理量对应, 以及定义函数功能块和各存储数组。自定义功能块函数程序是在本软件程序运行过程中频繁使用的各种算法, 为了减小软件程序的冗余, 将复杂的算法编写成功能块函数, 在软件运行中需要时直接调用, 如中断子程序。

2. 软件功能实现

1) 数据采集、处理、存储与传输

该功能的实现包括以下步骤(图 9.12):

(1) 通过数据采集端口, 采集不同类型的数据。

(2) 根据实际需要的不同参数, 定义不同类型的数据数组。

(3) 进行数据处理，得到所需要的数据参量，对它们进行类型转换和数据归类，最后存储到所定义的数据数组中。

(4) 数据处理完成后以 ".csv" 文件形式进行 CPU 内部初步存储。

(5) 将数据通过串口、总线等与其他设备进行信息交互，系统支持串口、以太网、Modbus、CanOpen、Ethernet 等通信协议。

2) 状态判断、切换，故障警示

控制系统软件在运行过程中，可根据机组状态参数，判断机组是否处于故障状态，其流程如图 9.13 所示。处于故障状态时，控制器需要为用户提供故障警示，只有当故障解除，机组状态切回正常时，机组才可以复位正常状态。该功能提供了机组运行状态指示，可以让现场人员或远程监控及时发现问题。

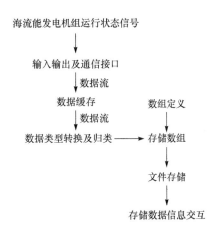

图 9.12 软件数据处理拓扑图

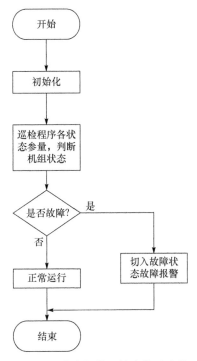

图 9.13 状态切换、故障警示功能

3) 执行控制算法,输出控制信号

海流能发电机组的被控参数包括发电机功率、转矩控制、叶轮转速(最大能量捕获)控制、节距角位置/速度控制、安装平台姿态控制、柜内温湿度控制等。针对相应的控制目标,均需制定控制策略。

以 650kW 海流能发电机组的转矩控制和变桨控制为例,机组在额定流速以下工作时,通过发电机转矩控制实现叶轮的转速调节从而实现最大能量捕获;在额定流速以上,变桨控制系统保证机组输出功率的稳定。根据流速及发电机输出功率情况,将机组运行分成四个区域(图 9.14),Ⅰ区、Ⅱ区、Ⅲ区是额定流速以下工况,Ⅳ区是额定流速以上工况;当流速非常小(大于启动流速)时,机组运行在Ⅰ区,通过 PI 控制器调整发电机转矩给定值,使机组的发电机转速稳定在发电机转速下限;随着流速的增加,机组运行进入Ⅱ区,此时发电机转矩按一定规律(与发电机转速平方的正比)给定,使机组运行在最佳叶尖速比附近,以最大限度捕获海流能;当流速继续增大时,机组进入Ⅲ区即恒转速运行环节,通过 PID 控制器调整发电机转矩,随着流速的增大,增加发电机转矩,使机组的发电机转速稳定在发电机额定转速,直到机组达到额定功率;当流速到达额定流速且功率达到额定功率时,机组工作在Ⅳ区,通过变桨 PID 控制器调节节距角,使发电机运行在额定转速附近,而发电机转矩值按转速反比给定,使发电机输出功率稳定在额定值附近,以提高机组电能品质。

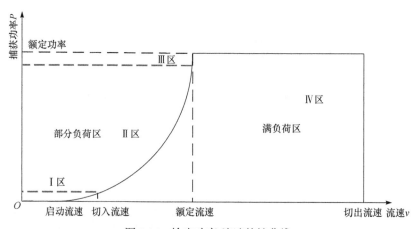

图 9.14   输出功率-流速特性曲线

变桨控制软件功能如图 9.15 所示,软件在该功能区有三种模式:第一种优先级最高,当软件根据状态判断发电机组状态为故障时,其自动将节距角控制目标设为 90°,并进入顺桨过程;第二种是在平潮期间,海水流向改变时控制叶片旋转 180°,实现双向对流发电;第三种是为防止发电机功率超过机组设定的最大功率,软件系统需要根据实际功率反馈对变桨机构进行操作或将节距角指令发送给变桨控制器，由变桨控制器完成变桨动作。

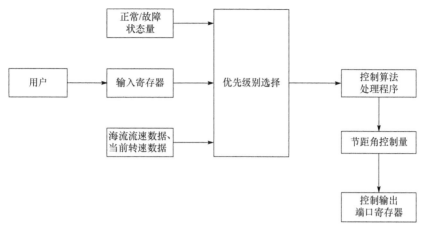

图 9.15 变桨控制软件功能

4) 并网控制功能

对实时采集的机械系统状态信号、发电机电气信号，以及变流器、电网状态等进行判断，生成相应的并网或脱网控制信号，主控制器通过总线或者串口与变流器设备进行通信，变流器对主控指令做出响应，如图 9.16 所示。

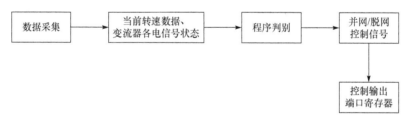

图 9.16 软件并网控制功能

3. 机组运行逻辑控制

本节以变桨变速海流能发电机组为例，介绍机组的开关机、启停机及安全运行逻辑。海流能发电机组常见的运行逻辑状态包括初始化、手动操作停止、待机、启动、正常发电、正常停机、故障停机、快速停机、紧急停机等，如图 9.17 所示。

1) 初始化状态

进入初始化状态的条件：程序初始启动或机组发生了快速停机、电网故障停机、紧急停机报警，并且故障已经消除。

初始化状态执行动作主要有程序相关标识清零、计数器清零等，给变流器发复位信号。

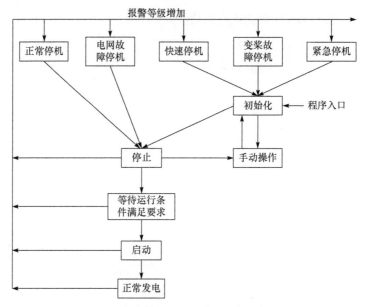

图 9.17　海流能发电机组常见运行逻辑状态

2) 手动操作状态

允许手动操作的条件：机组处于初始化状态或停止操作。

手动操作可执行的主要动作：手动变桨、手动叶轮空转、手动润滑、手动打压等。

3) 停止状态

机组停止状态需满足以下条件：

(1) 机组安全链接通。

(2) 制动系统松闸。

(3) 液压系统状态正常。

(4) 润滑系统正常。

(5) 电网条件正常。

(6) 变流器状态正常。

(7) 变桨系统状态正常。

(8) 机组电气设备正常。

(9) 机组未报任何故障。

(10) 环境温度、流速、流向等某项条件不满足运行要求。

4) 待机状态

运行条件是系统成功复位，所有设备状态正常，系统正常开机，等待环境条件如流速、流向等都满足运行要求。

5) 启动过程

机组启动过程：①加速过程，采用发电机转速闭环控制，发电机的目标转速是电网同步速度，同时桨叶以设定的变桨速率进行逆桨动作，并把发电机稳定控制在并网转速；②同步并网过程，当发电机转速达到并网转速(通常允许3%波动)时，控制器给变流器发并网指令并进行加载，变流器执行同步并网动作，海流能发电机组并入电网；③负荷加载过程，在额定功率以下时，加载规律应保证叶轮的最大能量捕获，且机械状态参数不超过设定值。

6) 正常发电模式

机组所有状态参数正常，可以向电网输出电能。

7) 停机状态

停机状态主要为正常停机、电网故障停机、快速停机、变桨故障停机和紧急故障停机等，相应的触发条件和执行动作见表9.3。对于650kW海流能发电机组，也相应地定义了正常停机(1级故障，报警等级最低)、电网故障停机(2级故障)、快速停机(3级故障)、变桨故障停机(4级故障)、紧急停机(5级故障，报警等级最高)。在紧急停机过程中，高速轴刹车投入通常有两种方式：①在紧急停机触发时就按照一定的切入逻辑立刻投入，该种方式的优势是发电机转速可以迅速下降，但对高速轴刹车制动力矩要求较高，散热要求也较高，如果选择不合适，可能会导致刹车盘磨损严重；②高速刹车在紧急停机触发时不立刻投入，等发电机转速下降到某个转速时(推荐方案)或延时一定时间后，再投入高速轴刹车。

表 9.3　海流能发电机组停机方式

停机方式	报警等级	变桨速率	脱网条件	高速轴刹车动作	触发条件	参与触发
紧急停机	5级(最高)	8°/s(硬件控制，变桨安全链断开)	立刻	是	安全链断开(过速、过功率等故障，手动急停等)	硬件与软件
变桨故障停机	4级	8°/s(硬件控制，变桨安全链断开)	发电机转速小于脱网转速或功率小于15kW	否	变桨系统类故障	硬件与软件
快速停机	3级	6°/s(软件控制)	发电机转速小于脱网转速或功率小于15kW	否	软件过转速、软件过功率、转矩不匹配等	软件
电网故障停机	2级	6°/s(软件控制)	立刻	否	电网或者变流器故障等	软件
正常停机	1级(最低)	2°/s(软件控制)	发电机转速和转矩分别减小直至发电机转速小于脱网转速或功率小于15kW	否	等级较低故障(如流向变化过大、流速过小、齿轮箱油温高)	软件

仍以 650kW 海流能发电机组为例，其运行流程如图 9.18 所示。

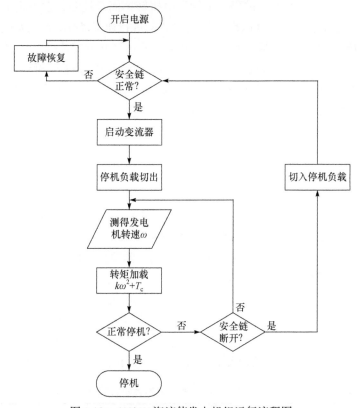

图 9.18　650kW 海流能发电机组运行流程图

4. 海流能发电机组状态故障定义

1) 电网故障

当电网出现异常(不满足表 9.4 中的条件)或变流器报故障时，海流能发电机组将触发电网故障停机。

表 9.4　海流能发电机组电网适应性参数

参数名称	基准值	允许波动范围	备注
电压/V	690	±10%	低电压穿越满足 Q/GDW 480—2015《分布式电源接入电网技术规定》
频率/Hz	50	满足国标	满足《分布式电源接入电网技术规定》
电流不平衡/A	0	待定	满足《分布式电源接入电网技术规定》
相移/(°)	0	8	
谐波	—	满足国标	满足《分布式电源接入电网技术规定》
闪变	—	满足国标	满足《分布式电源接入电网技术规定》

2) 变桨系统故障(以液压变桨系统为例)

变桨系统故障包括变桨执行机构故障、变桨液压系统故障以及传感系统故障。表 9.5 列出了海流能发电机组常见的变桨系统故障。

表 9.5 海流能发电机组常见的变桨系统故障(液压独立变桨机型)

故障类型	可能原因	故障发现条件	停机方式	变桨动作
三叶片失控	控制器的算法错误或液压驱动系统故障	发电机转速超过上限,节距角给定速率为负	变桨故障停机	三叶片紧急顺桨
单叶片失控	变桨系统传感器故障或液压驱动系统故障	任意两叶片节距角相差2°或叶片节距角目标值和实测值大于 4°,时间持续1s	变桨故障停机	三叶片紧急顺桨
单叶片卡死	变桨减速机或轴承故障		变桨故障停机	失败叶片卡死,另外两片紧急顺桨
液压系统压力异常	蓄能器损坏或管路损坏	系统压力异常	变桨故障停机	三叶片紧急顺桨

3) 转速故障

忽略传动系统的柔性,利用编码器测量发电机转速,可通过传动比获得叶轮转速。软件超速将会触发海流能发电机组快速停机,安全链超速将触发紧急停机。表 9.6 给出了定义的发电机转速指标及相应的设定值。

表 9.6 转速故障触发参数

发电机转速指标	设定值
发电机稳定运行最小转速	按设计
发电机可运行最大转速	按设计
软件超速报警门限	按设计
安全链触发转速门限	按设计

4) 发电机过功率

软件过功率分为瞬时过功率且超过安全裕量和连续过功率但未超过安全裕量,它们将分别触发安全链过功率紧急停机和机组快速停机。表 9.7 为定义的发电机过功率指标及相应的设定值。

表 9.7 发电机过功率触发参数

发电机功率指标	设定值
软件过功率	额定功率+安全裕量
安全链触发过功率	极限功率

5) 振动监测

650kW 海流能发电机组振动主要分两层次监测和保护，如表 9.8 所示。软件层过振动将会触发机组正常停机，硬件层振动将会触发机组紧急停机。

表 9.8　海流能发电机组振动监测

触发层次	触发条件	触发动作
软件层	振动传感器(如低频振动传感器)超过设定值	机组正常停机并报警
硬件层(安全链)	振动继电器(振动球或振动摆锤)超过设定值	机组紧急停机并报警

此外，还要监测齿轮箱和发电机运行状态，如齿轮箱油温、轴承温度、发电机轴承和绕组温度、润滑系统压力、冷却系统状态等。

9.3　海流能发电机组功率和载荷控制技术

9.3.1　功率控制技术

叶轮捕获的功率不仅受海流流速、流向变化的影响，同时与机组自身的工作状态如叶轮转速、叶片节距角的大小等有关。为了实现海流能发电机组效能的最大利用、功率稳定输出和机组安全运行，有必要对海流能发电机组进行功率控制。

1. 最大功率捕获控制

与风力发电机类似，海流能发电机组的运行状态随着流速的变化而变化，出现不同的动态特性，同时在不同功率区间段所对应的控制方式也是不同的，如低于额定流速时的最大功率捕获和高于额定流速时的变桨控制。

机组启动需要克服机械传动链上的摩擦损耗、系统惯量等，此时的流速称为启动流速，从机组启动到发电机并入电网的运行阶段称为空转阶段。值得一提的是，可通过变桨机构调节节距角来辅助启动，是否需要这样做取决于运行的经济性。随着流速增大，发电机转速达到并网要求时，开始并网输出电能，此时流速为切入流速；此后流速继续增大，发电机功率也继续增大，直到发电机功率达到额定功率点，此区间即实施最大能量捕获控制的范围。

从发电机并入电网至发电机输出额定功率，为了使叶轮尽可能多地捕获水流动能，需要进行叶轮的最大功率捕获控制。其基本原理是通过增加或减小发电机的负载来调节叶轮和发电机转速，使叶轮跟踪最佳叶尖速比，从而实现最大能量捕获。随着流速的增加，当叶轮转速达到设计的额定转速时，机组进入恒转速变转矩运行阶段，直到发电机输出功率达到额定功率，该过程的发电机转速-转矩特性如图 9.19 所示。之后的额定流速以上工作区间需要通过变桨系统改变叶片节距角，将发电机输出功率限定在额定值附近，以满足系统安全运行的要求。

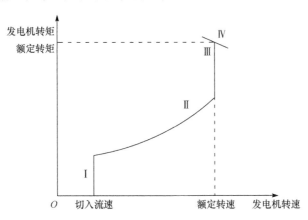

图 9.19　最大能量捕获区间发电机转速-转矩特性

机组在额定流速以下工作时，叶片节距角通常设为 0°，叶轮可以获得比其他节距角更高的捕能效率，如图 9.20 所示。对于结构确定的叶片，当安装角不变时，其能量捕获系数会随着叶尖速比的变化而变化。从图 9.20 可以看出，对应每一个不同的节距角，其 C_p-λ 曲线上的整个叶尖速比区间范围内，总存在唯一的 λ_{opt}，使叶轮的能量捕获系数 C_p 达到最大值即 C_{pmax}，该叶尖速比特征点即被用来作为最大能量捕获控制的跟踪目标或依据。

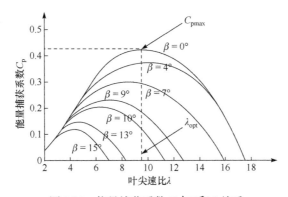

图 9.20　能量捕获系数 C_p 与 λ 和 β 关系

下面对实现最大功率捕获的控制方法进行介绍。

设海流能发电装备采用齿轮箱传动方案，且输出输入传动比 n_c 如下：

$$n_c = \frac{\Omega_{hs}}{\Omega_{ls}}$$

式中，Ω_{hs} 为齿轮箱高速轴转速；Ω_{ls} 为齿轮箱低速轴转速。

若机组工作在最优叶尖速比附近，则下面公式成立：

$$\Omega_{g\_opt} = \frac{v\lambda_{opt}}{R}n_c$$

式中，Ω_{g_opt} 为发电机的最优转速，跟随 Ω_{g_opt} 即可实现叶轮的最大能量捕获控制。

在海流能发电机组中，将叶轮惯量、叶轮侧的阻尼力矩及驱动力矩等效到发电机端，可以得到发电机的动力学平衡方程为

$$\left(\frac{J_r}{n_c^2} + J_g\right)\frac{d\Omega_g}{dt} = -\left(\frac{K_r}{n_c^2} + K_g\right)\Omega_g + \frac{1}{n_c}T_r - T_{em} \tag{9.1}$$

式中，J_r 为叶轮转动惯量；J_g 为发电机的转动惯量；K_r 为叶轮阻尼；K_g 为发电机自身阻尼；T_r 为叶轮驱动转矩；T_{em} 为发电机电磁转矩。由式(9.1)可知，该力矩平衡方程中，发电机转速 Ω_g 为被控参数，发电机电磁转矩 T_{em} 为控制量并可以通过负载调节装置改变发电机 d、q 轴电流来控制。

图 9.21 为一种海流能永磁同步发电机的直接转速控制原理框图。该控制方案需要先实时测量海流流速，并根据最佳叶尖速比原则确定期望的叶轮转速和发电机转速，然后通过 PWM 来改变发电机的负载力矩。该方案的难点在于需要获取准确的叶轮处的流速，所以控制性能难以保证。

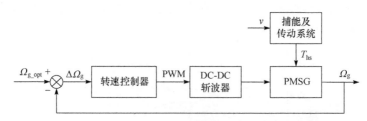

图 9.21　一种海流能永磁同步发电机直接转速控制原理框图

为了实现叶轮的最大能量捕获，另一种控制方案就是根据实测的叶轮转速及叶轮功率特性 $P=k\Omega^3$ 获取此时期望的发电机功率，将期望功率与实测发电机功率进行比较，根据功率误差生成控制信号，该信号用于负载电路的电压或电流调节，通过改变直流母线处的电压、电流而间接地改变发电机输出端的等效电阻，从而实现改变叶轮转速的目的。在前述的 60kW 海流能发电机组和 120kW 海流能发电机组中，就采用了这种类似的技术方案。

图 9.22 是 650kW 变速变桨型海流能发电机组通过转矩控制实现叶轮转速调节及机组最大能量捕获的控制原理。PLC 从转速传感器获得当前发电机转速，根据叶轮功率曲线，生成目标转矩 T_{opt}，然后通过 CanOpen 现场总线将该转矩信号发送给全功率变流器，变流器响应该信号，完成对发电机组的转矩加载。变流器

近似为一个一阶惯性环节,对转矩指令做出响应。

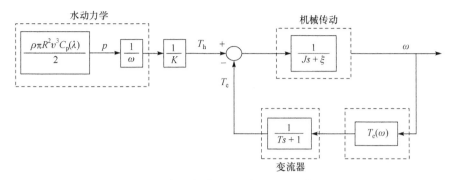

图 9.22 650kW 变速变桨型海流能发电机组转矩控制实现

叶轮转速调节及最大能量捕获控制框图

发电机的转矩给定值由下面公式计算得到:

$$T_{opt} = \frac{1}{2} \rho \pi R^5 \frac{C_{pmax}}{\lambda_{opt}^3} \Omega_g^2 = k_{opt} \Omega_g^2$$

式中,C_{pmax} 和 λ_{opt} 分别为机组的最大能量捕获系数和最佳叶尖速比,其值可以根据叶片设计理论获取,也可以在相关计算分析软件如 Bladed 中对叶轮进行仿真获得。

2. 变桨功率控制

当海水流速较大时,机组功率存在机械及电气上的安全隐患,需要有效限制叶轮的捕获功率。通常以下方法可以用来减小叶轮水动力捕获效率:①增加叶轮转速,降低叶尖速比,从而减小能量捕获系数,但当机组工作在额定转速附近时,增加转速的办法不可行;②降低叶轮的转速,增加叶尖速比,使之偏离最佳工作点,即叶片失速,但降低叶轮转速需要加大发电机的负载,易导致机组过功率问题,所以也不推荐。在海流能发电机组中多采用主动变桨(顺桨)控制来限制叶轮的能量捕获效率。

本节重点对基于变桨控制的功率调节技术进行介绍。图 9.23 为针对发电机功

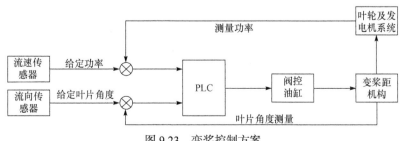

图 9.23 变桨控制方案

率控制和叶轮对流控制制定的变桨控制方案，变桨控制系统根据实时测量的流速流向信号，进行控制模式的切换。对于标准往复流，可以设定落潮流时的叶片角度为 0°，而涨潮流时的叶片角度为 180°，根据流向与叶片角度的对比，再通过变桨机构就可以实现叶片角度与流向的对应。当机组启动后，节距角控制系统即转入功率控制环节。

从图 9.20 可以看出，变桨机组中叶轮能量捕获系数 C_p 是关于叶尖速比 λ 和叶片节距角 β 的函数，并且呈非线性关系。随着节距角 β 的增大，叶轮的最大能量捕获系数 C_p 不断减小。根据叶轮的能量捕获方程 $P = 0.5\rho\pi R^2 v^3 C_p(\lambda,\beta)$ 可知，当水流流速 v 超过额定流速时，可以通过增大节距角从而减小 C_p 的方法实现叶轮捕获功率的稳定性。变桨功率控制原理如图 9.24 所示。

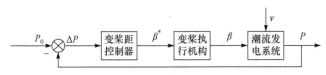

图 9.24　变桨功率控制原理框图

图 9.24 中，P_0 为额定功率，P 为发电机实际输出功率，β^* 为节距角控制目标值。变桨控制通过主控制程序中的中断子程序来实现，变桨控制流程如图 9.25 所示。

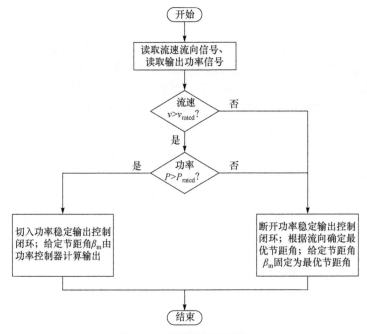

图 9.25　变桨控制流程图

　　以 120kW 海流能发电机组的液压变桨系统为例，其变桨控制系统原理图如图 9.26 所示。给定节距角信号，将其与测量的位移信号进行对比产生误差信号，该误差信号经过 PID 控制算法，生成对比例阀的控制信号，系统中的比例放大器 (双路)将控制器输出的电压控制信号转换成电流信号驱动比例阀，通过对比例阀的控制实现液压缸活塞运动方向及速度的控制，从而实现叶片节距角的闭环控制。

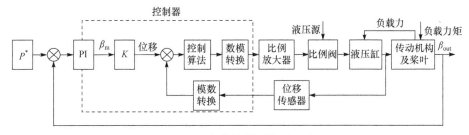

图 9.26　变桨控制系统原理图

　　变桨控制器比例增益随节距角增加而减小，这样可以确保整个变桨流速段，变桨控制系统都具有良好的动态特性和足够的稳定裕度；变桨控制器积分时间常数随节距角增加而减小，这样可以提高额定流速附近控制器的相位裕度和带宽。为了减小机组超速的峰值，在变桨 PI 控制器加入一个非线性的系数，该系数根据发电机加速度计算得到，即发电机加速度越大，变桨控制器比例增益就乘一个越大的系数，这样可以抑制发电机转速过快上升。

　　在实际控制过程中，由于流速变化的快速性，以及变桨控制系统及执行机构惯量的影响，变桨机构无法及时响应节距角指令，所以开展变桨控制的同时对叶轮的转速进行调节是个重要的研究内容。通过调速控制机构可以将快速变化的能量转换成叶轮的动能，允许其速度在短时间内增大到某一个值；当水流尖峰流速过去以后，再将叶轮蕴藏的动能释放出来，一方面降低变桨机构的使用频率，另一方面也提高了机组的柔度。

　　由于水流流速的不稳定性及变桨机构的时滞性、非线性等，既要保证功率的稳定，又要减小执行机构的疲劳载荷，传统控制算法难以保证机组在任何工况下都有良好的效果，所以目前出现了各种先进控制算法的研究[1-3]，如神经网络、模糊自适应、模型预测控制等智能控制技术[4-6]。下面介绍一种基于流速预测的优化变桨控制策略，根据采样点的流速变化趋势来预测功率变化趋势，减少变桨动作。

1) 流速预测方法

　　在整个海流能发电系统运行过程中，流速信号对于控制系统都是一个至关重要的输入量。海流能发电机组置于水下环境，叶轮由于旋转，其旋转面上的流速精确测量是十分困难的。传统的单点式流速流向测量方案如图 9.27 所示，只能测出叶轮前方一定距离的流速。而海流具有很强的周期性和连续性，基于此，本节结合实际试验所用超声多普勒流速流向仪，提出一种简单、经济的数学方法，来获得相对精确的轮毂处流速。

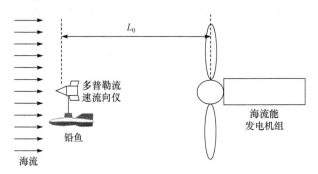

图 9.27　单点式流速流向测量方案

所采用流速流向仪为单点式测量，为降低海流中湍流作用对流速测量的干扰，在流速流向仪的采样时间内，对流速进行平均化处理，如式(9.2)所示：

$$v_{a} = \frac{1}{n} \sum_{i=1}^{n} v_i \tag{9.2}$$

式中，v_a 为某时刻的平均流速；n 为采样周期内的采集样本数；v_i 为实测流速值。

定义在 T_0 时间段内的平均流速为

$$\overline{v}_{a}(t) = \frac{1}{T_0} \sum_{k=t-T_0}^{t} v(k) \tag{9.3}$$

式中，$\overline{v}_{a}(t)$ 为 T_0 时段内的平均流速，$t \geqslant T_0$；T_0 由流速流向仪与轮毂中心的距离 L_0、当前海流流速 $v(t)$ 决定，即 $T_0 = \dfrac{L_0}{v(t)}$。

因此，海流流速的变化趋势可以表示为

$$\Delta \overline{v}_{a}(t) = \overline{v}_{a}(t) - \overline{v}_{a}(t - T_0) \tag{9.4}$$

2) 优化变桨控制策略

定义海流能发电机组的功率偏差为

$$e_{p} = \frac{P - P_0}{P_0} \tag{9.5}$$

式中，P 为实际功率；P_0 为理论目标功率。参考成熟的风电机组设计技术，通常系统留有一定的安全裕量。定义海流能发电机组功率安全裕量范围为 $[-\delta_p, \delta_p]$，功率缓冲区为 $[\varepsilon_p, \delta_p]$ 或 $[-\delta_p, -\varepsilon_p)$，其中 $\varepsilon_p < \delta_p$，功率合理波动区间为 $[-\varepsilon_p, \varepsilon_p]$。

根据功率偏差 e_p 和流速变化趋势 $\Delta \overline{v}_a$ 的大小，可制定以下坐标平面分区，如

图 9.28 所示。

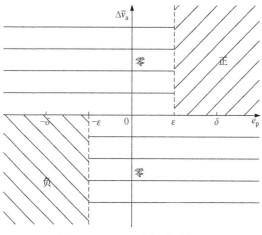

图 9.28　e_p-$\Delta\overline{v}_a$ 坐标平面分区

将整个坐标平面分成正、零、负三个区域，确定输入信号点$(e_p, \Delta\overline{v}_a)$所在的区域，定义函数

$$z = \begin{cases} +1, & \text{正区域} \\ 0, & \text{零区域} \\ -1, & \text{负区域} \end{cases} \tag{9.6}$$

根据输入信号点坐标，结合 PID 控制器，可以设计优化变桨控制策略，如图 9.29 所示。

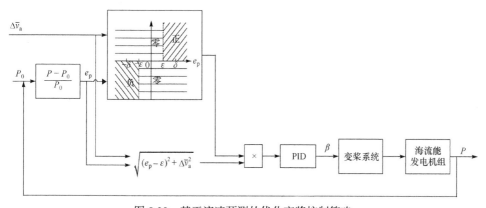

图 9.29　基于流速预测的优化变桨控制策略

该控制思路为：功率变化在合理波动区间内，不进行变桨动作；功率变化在功率缓冲区，根据当前流速变化趋势确定变桨动作，离临界点越远，则 PID 控制

器输入信号越大，这反映在 $\sqrt{\left(e_{\mathrm{p}}-\varepsilon\right)^{2}+\Delta \overline{v_{\mathrm{a}}}^{2}}$ 这一项上；当实际功率大于功率裕量区间上限时，需要考虑机组的安全运行问题，限制功率捕获；当实际功率低于功率裕量区间下限时，需考虑机组效率问题，提高功率捕获。

　　根据对上述控制方法的分析，可以得到基于流速预测的变桨控制框图，如图 9.30 所示。

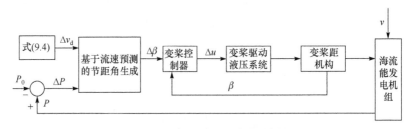

图 9.30　基于流速预测的变桨控制框图

3) 控制方案验证

　　为验证所提出控制策略的有效性和可靠性，在已有的 20kW 模型样机上进行仿真试验。该机组的叶轮转矩 T_{tur} 表达式如式(9.7)所示，该转矩是根据内置的叶轮捕能模型、外部流速和叶轮转速实时调整的。

$$T_{\mathrm{tur}}=\frac{\frac{1}{2}\rho s v_{\infty}^{3}C_{\mathrm{p}}(\lambda,\beta)}{\Omega} \tag{9.7}$$

式中，λ 为叶尖速比；β 叶片节距角。

　　为验证该优化控制策略的效果，分别对提出的优化控制策略和传统的变桨控制策略进行仿真，并对比二者的输出功率曲线、实时节距角曲线、累计输出功率曲线、累计变桨角度等。其中，累计变桨角度 β_{a} 可由式(9.8)计算得到：

$$\beta_{\mathrm{a}}(t)=\sum_{j=1}^{N_{t}}\left|\beta(j)-\beta(j-1)\right| \tag{9.8}$$

式中，N_{t} 为 $0\sim t$ 时间段内节距角采样次数；$\beta(j)$ 和 $\beta(j-1)$ 分别为第 j 次和第 $j-1$ 次节距角值。

　　另外，累计输出功率 P_{a} 可以由实时输出功率曲线积分获得：

$$P_{\mathrm{a}}(t)=\int_{0}^{t}P(t)\mathrm{d}t \tag{9.9}$$

　　考虑实际海流的复杂性和多变性，采用实际测试流速进行验证分析，如图 9.31 所示。图中黑线为流速流向仪实际测量获得的流速，灰线为采用流速预测方法处理之后获得的叶轮中心实时流速。

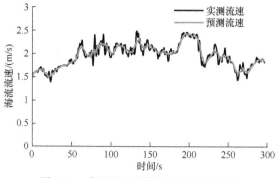

图 9.31　实际流速与模型预测流速对比

　　图 9.32 给出了在该流速下的输出功率、节距角等的变化过程。根据图 9.32(a)，采用优化变桨控制策略，在超过额定流速时，可以将输出功率限定在设定的功率波动裕量区间内，虽然限功率能力相比传统变桨控制略有下降，但功率偏差 −5.0%～5.7%满足预期，这表明所提出的优化变桨控制策略具有较好的可行性。通过对图 9.32(c)中两种控制策略条件下的累计发电量对比，可以看出二者基本相同，这也间接表明了所提优化变桨控制策略保持了高效的发电效率。

　　图 9.32(b)和(d)给出了在上述发电过程中传统变桨控制与优化变桨控制下的节距角变化情况和累计变桨角度。传统变桨控制策略的变桨动作频率高，幅度大，

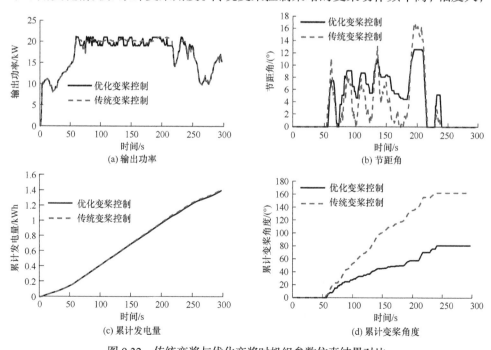

图 9.32　传统变桨与优化变桨时机组参数仿真结果对比

而所提出的优化变桨控制策略有效地减少了变桨动作，避免变桨机构的频繁往复运动，从而可以降低叶片根部密封结构的磨损，延长系统的工作寿命。

9.3.2 载荷控制技术

1. 叶轮的非平衡载荷控制

海洋环境恶劣，由风浪引起的海流湍流效应及垂直剖面上的剪切流作用等会使叶轮承受显著的非对称载荷。随着机组功率等级的不断增大，机组的尺寸随之增大，这种不对称载荷也大幅增加，故对叶片结构强度提出更高的要求。目前对海流能发电机组叶片载荷的研究较多地集中在叶片载荷分析和如何从结构上满足叶片的机械强度性能要求等方面，而对通过控制方法降低叶片的非对称载荷的研究较少。本节以 120kW 海流能发电机组为例，对通过独立变桨技术实现非对称载荷的控制方法进行介绍。

首先建立叶片载荷坐标系(图 2.23)和叶轮固定坐标系(图 9.33)，并将叶片所受的力和力矩转换到叶轮固定坐标系下，随后就可得叶轮的俯仰力矩和偏航力矩。

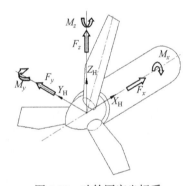

图 9.33　叶轮固定坐标系

根据第 2 章的叶片载荷分析方法，可以得到第 i 个叶片根部挥舞方向和摆振方向的力和弯矩为

$$F_{xi} = \sum_{j=1}^{N} \left(\frac{1}{2} \rho w^2 c \left(C_L \cos\phi + C_D \sin\phi \right) \Delta r_j \right) \tag{9.10}$$

$$F_{yi} = \sum_{j=1}^{N} \left(\frac{1}{2} \rho w^2 c \left(C_L \sin\phi - C_D \cos\phi \right) \Delta r_j \right) \tag{9.11}$$

$$M_{xi} = \sum_{j=1}^{N} \left(\frac{1}{2} \rho w^2 c \left(C_L \sin\phi - C_D \cos\phi \right) \Delta r_j r \right) \tag{9.12}$$

$$M_{yi} = \sum_{j=1}^{N} \left(\frac{1}{2} \rho w^2 c \left(C_L \cos\phi + C_D \sin\phi \right) \Delta r_j r \right) \tag{9.13}$$

式中参数定义同第 2 章。

求得三个叶片在叶片坐标系中的根部载荷后，叶片挥舞方向上的弯矩使叶片前后弯曲，摆振方向的弯矩驱动叶轮旋转。叶片坐标系中产生的力和力矩传递到叶轮坐标系中，叶片的合成作用力使叶轮产生俯仰力矩 M_y、偏航力矩 M_z 和驱使叶轮旋转的 M_x。叶片载荷等效到叶轮坐标系上的六个自由度载荷表示为

$$\begin{bmatrix} M_x \\ F_x \\ M_y \\ F_y \\ M_z \\ F_z \end{bmatrix} = \sum_{i=1}^{3} \begin{bmatrix} M_{xi} \\ F_{xi} \\ M_{yi}\cos\psi_i + M_{zi}\sin\psi_i \\ F_{yi}\cos\psi_i + F_{zi}\sin\psi_i \\ M_{zi}\cos\psi_i + M_{yi}\sin\psi_i \\ F_{zi}\cos\psi_i + F_{yi}\sin\psi_i \end{bmatrix} \tag{9.14}$$

式中，ψ_i 为叶轮方位角；其余参数同第 2 章。

从式(9.14)可以看出，非对称载荷引起的俯仰力矩和偏航力矩是叶根弯矩、叶轮方位角的函数。叶轮方位角可测，如果根据方位角实时调整叶根弯矩，就可以有效降低叶轮的非对称载荷，控制目标是使得三个叶片在叶轮平面内的合成俯仰力矩和偏航力矩为零。这里知道，叶根载荷是节距角的函数，因此可以通过改变叶片节距角来控制叶根弯矩，合理调节叶片节距角使得三个叶片上的合成弯矩相抵消，从而实现降低非对称载荷的目的。

为了便于控制器的设计，首先对叶根弯矩 M_{yi} 进行线性化处理。它与流速、叶片节距角、叶轮转速有关，对第 $i(i=1,2,3)$ 个叶片的叶根弯矩在某一工作点附近进行线性化处理，得到

$$M_{yi} = h_i v_i + k_i \beta_i + g_i \Omega \tag{9.15}$$

式中，h_i、k_i、g_i 分别为叶根弯矩 M_{yi} 对流速、节距角和叶轮转速的线性化系数，可以通过模型的稳态仿真得到；流速 v_i 可测但不可控；叶轮转速 Ω 可测且通过电气系统可控；节距角 β_i 可以作为系统的控制量输入。

因此，系统共有三个控制量(三个叶片的节距角)和两个被控目标(俯仰力矩 M_y、偏航力矩 M_z)。通过 Kalman 变换的方式将旋转的叶片坐标系映射到固定的叶轮坐标系 dq 中，在固定的叶轮坐标系中进行控制器的设计。通过 Kalman 变换矩阵 P 将三个叶片的叶根弯矩 M_{yi} 变换到 dq 坐标系：

$$\begin{bmatrix} M_d \\ M_q \end{bmatrix} = P \begin{bmatrix} M_{y1} \\ M_{y2} \\ M_{y3} \end{bmatrix} \tag{9.16}$$

式中，变换矩阵 P 表示如下：

$$P = \frac{2}{3} \begin{bmatrix} \cos\psi & \cos\left(\psi + \dfrac{2\pi}{3}\right) & \cos\left(\psi + \dfrac{4\pi}{3}\right) \\ \sin\psi & \sin\left(\psi + \dfrac{2\pi}{3}\right) & \sin\left(\psi + \dfrac{4\pi}{3}\right) \end{bmatrix} \tag{9.17}$$

对比式(9.14)，并考虑到与 M_y 相比 M_z 很小可近似忽略，可以得到

$$\begin{bmatrix} M_y \\ M_z \end{bmatrix} = \frac{3}{2} \begin{bmatrix} M_d \\ M_q \end{bmatrix} \tag{9.18}$$

在 dq 坐标系中，有

$$M_d = h_d v_d + k_d \beta_d + g_d \Omega \tag{9.19}$$

$$M_q = h_q v_q + k_q \beta_q + g_q \Omega \tag{9.20}$$

由式(9.18)可以发现，叶轮的俯仰力矩 M_y 和偏航力矩 M_z 分别对应 dq 坐标系中的 M_d 和 M_q，所以可以通过分别控制 M_d 和 M_q 实现控制俯仰力矩 M_y 和偏航力矩 M_z。由式(9.19)和式(9.20)可以发现，通过 Kalman 变换得到的 M_d 和 M_q 分别是 β_d 和 β_q 的函数，它们是两个独立的单输入单输出(SISO)系统，从而可以通过分别控制 β_d 和 β_q 来实现对叶轮俯仰力矩 M_y 和偏航力矩 M_z 的控制。在控制器中得到 β_d 和 β_q 后，再通过 Kalman 逆变换矩阵 P^{-1} 将 β_d 和 β_q 转化为叶片的节距角给定量 β_1、β_2 和 β_3 并传递给变桨执行机构：

$$\begin{bmatrix} \beta_1 \\ \beta_2 \\ \beta_3 \end{bmatrix} = P^{-1} \begin{bmatrix} \beta_d \\ \beta_q \end{bmatrix} \tag{9.21}$$

$$P^{-1} = \begin{Bmatrix} \cos\psi & \sin\psi \\ \cos\left(\psi + \dfrac{2\pi}{3}\right) & \sin\left(\psi + \dfrac{2\pi}{3}\right) \\ \cos\left(\psi + \dfrac{4\pi}{3}\right) & \sin\left(\psi + \dfrac{4\pi}{3}\right) \end{Bmatrix} \tag{9.22}$$

独立变桨载荷控制过程如图 9.34 所示，叶根弯矩可以通过应力传感器测得，也可以根据叶轮在线模型获取，叶轮方位角也可测得。将经过 Kalman 变换得到

的 M_d 和 M_q 与设定值进行比较得到力矩误差信号,控制器根据误差信号输出控制信号 β_d 和 β_q,再经过 Kalman 逆变换给出每个叶片的目标节距角。

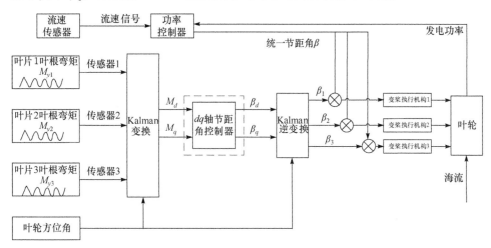

图 9.34 独立变桨载荷控制过程

为验证上述降载控制方法的可行性,下面以 120kW 海流能发电机组为例,对基于独立变桨的载荷控制方法进行仿真验证。为了便于研究,叶轮转速设定为额定转速,分别对剪切流、湍流引起的非对称载荷进行研究。设海水深度为 15m、表面平均流速为 2.5m/s、流剪切系数为 1/7、叶轮转速为额定转速时三个叶片附近的流速曲线如图 9.35 所示,每个叶片的流速相位差为 $2\pi/3$。

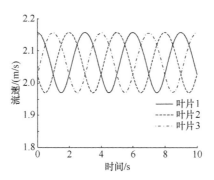

图 9.35 三个叶片附近的流速曲线

由此导致的叶轮俯仰力矩约为 $1.9 \times 10^4 \mathrm{N \cdot m}$(图 9.36),而在水平方向上同一深度流速基本相同,所以偏航力矩平均值约为零。而在施加控制之后,俯仰力矩和偏航力矩都降低到零附近。

图 9.37 给出了此载荷控制过程中叶片节距角的变化规律。由此可见,为了消除叶轮上的不平衡载荷,叶片节距角需要在整个旋转周期内跟随叶轮方位角做周

期性的变化。

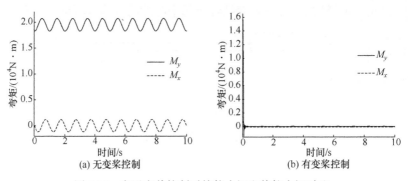

图 9.36　有无变桨控制时俯仰力矩和偏航力矩对比

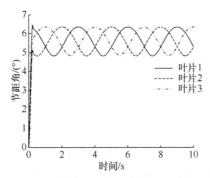

图 9.37　施加控制后的节距角变化曲线

　　下面验证变桨控制算法在湍流作用下的非对称载荷降载控制效果。图 9.38 是平均流速为 2m/s、湍流强度为 5%条件下三个叶片的海流流速。

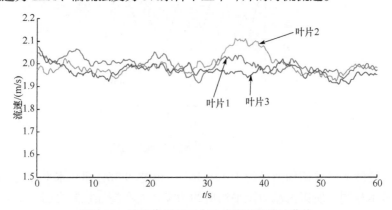

图 9.38　湍流作用下三个叶片附近的流速曲线

　　图 9.39 给出了在湍流作用下，有无变桨控制对叶轮俯仰力矩和偏航力矩的影响。

通过对比可以发现，该控制方法同样可以有效降低叶轮的俯仰力矩和偏航力矩。

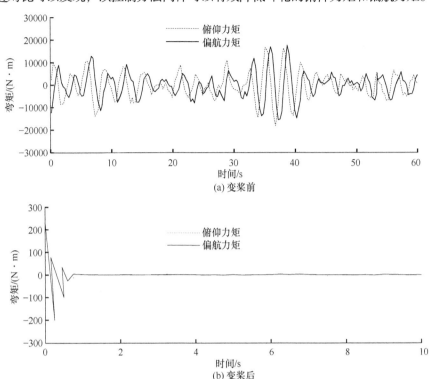

(a) 变桨前

(b) 变桨后

图 9.39　变桨前后叶轮偏航力矩与俯仰力矩对比

2. 传动链载荷抑制技术

水平轴海流能发电机组由于其高效稳定的特点，逐渐被更多采用和研究[2]。传动链作为水平轴海流能发电机组能量传递的核心部件，系统本身具有较大的柔性和较低的阻尼，再加上海流能发电机组在额定工况下大多采用恒转矩控制，传动系统也会处于弱阻尼状态，故在复杂的外部激励下，极易发生共振，影响机组的安全和寿命。为了减小由此引起的传动链的谐振，同时又避免传动链添加物理阻尼带来的结构和成本问题，可以借鉴风电领域的动态加阻技术，为海流能传动链设计一个主动阻尼控制器。通过海流能发电机组的转矩控制系统，给发电机施加一个与转速波动相反的波纹转矩。主动阻尼控制技术使得系统极点远离虚轴，为传动系统增加等效阻尼，减小谐振。本节以浙江大学 650kW 海流能发电机组为例，对传动链主动阻尼加载控制技术进行介绍。

为了研究机组传动链的固有频率，以便对低阶模态进行加阻尼控制，对该传动系统进行等效建模。650kW 海流能发电机组的机械部分主要由叶轮、两级行星齿轮和发电机组成，采用多体系统方法建立传动链模型，如图 9.40 所示。

该等效系统的数学模型如下：

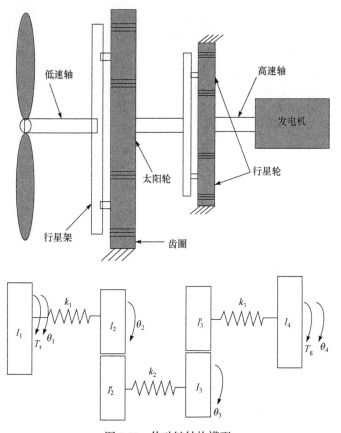

图 9.40　传动链结构模型

$$
\begin{bmatrix} I_1 & 0 & 0 & 0 \\ 0 & I_2+i_1^2 I_2' & 0 & 0 \\ 0 & 0 & I_3+i_1^2 I_3' & 0 \\ 0 & 0 & 0 & I_4 \end{bmatrix} \begin{bmatrix} \ddot{\theta}_1 \\ \ddot{\theta}_2 \\ \ddot{\theta}_3 \\ \ddot{\theta}_4 \end{bmatrix} = \begin{bmatrix} -k_1 & k_1 & 0 & 0 \\ k_1 & -k_1-i_1^2 k_2 & i_1 k_2 & 0 \\ 0 & i_1 k_2 & -i_1 k_2-i_2^2 k_3 & i_2 k_3 \\ 0 & 0 & i_2 k_3 & -k_3 \end{bmatrix} \begin{bmatrix} \theta_1 \\ \theta_2 \\ \theta_3 \\ \theta_4 \end{bmatrix}
$$

$$
+ \begin{bmatrix} -b_1 & b_1 & 0 & 0 \\ b_1 & -b_1-i_1^2 b_2 & i_1 b_2 & 0 \\ 0 & i_1 b_2 & -i_1 b_2-i_2^2 b_3 & i_2 b_3 \\ 0 & 0 & i_2 b_3 & -b_3 \end{bmatrix} \begin{bmatrix} \dot{\theta}_1 \\ \dot{\theta}_2 \\ \dot{\theta}_3 \\ \dot{\theta}_4 \end{bmatrix} + \begin{bmatrix} T_r \\ 0 \\ 0 \\ -T_g \end{bmatrix}
$$

(9.23)

式中，i_1 和 i_2 分别为两级行星齿轮的传动比；I_1 为叶片和轮毂的转动惯量；I_2 为一级传动的行星架的转动惯量；I_2' 为一级传动的太阳轮的转动惯量；I_3 为二级传动的行星架的转动惯量；I_3' 为二级传动的太阳轮的转动惯量；I_4 为发电机刹车盘等的转动惯量；$k_i(i=1,2,3)$ 为各传动轴的刚度；θ_i 为各传动轴的旋转角度。

根据传动链系统的数学模型(9.23)，绘制传动系统方块图如图 9.41 所示。

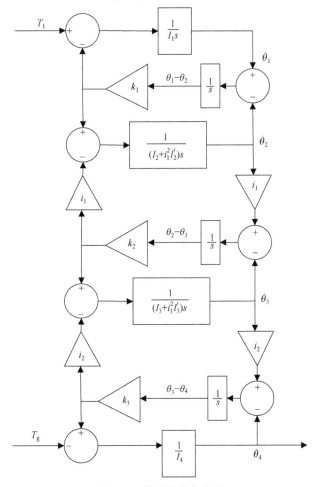

图 9.41　传动系统方块图

根据上述系统传递函数，绘制传动链的伯德图如图 9.42 所示。通过伯德图可得，该传动链的一阶模态为 18.3rad/s(即 2.91Hz)。通过在发电机转矩上附加一个转矩成分 ΔT_g，即可得到

$$J_{\text{tur}}\ddot{\theta}_{\text{tur}} + B_{\text{tur}}\dot{\theta}_{\text{tur}} + k_{\text{tur}}\theta_{\text{tur}} = T_{\text{tur}} - i_1 i_2 (T_{\text{gene}} + \Delta T_{\text{gene}}) \tag{9.24}$$

式中，J_{tur}、B_{tur}、k_{tur} 分别为传动链等效到低速轴的等效转动惯量、等效阻尼和等效刚度；θ_{tur} 为低速轴的角度；T_{tur} 和 T_{gene} 分别为叶轮驱动力矩和发电机转矩。

若使 $\Delta T_{\text{gene}} = B_{\text{g}}\dot{\theta}_{\text{gene}}$ ，则式(9.24)变为

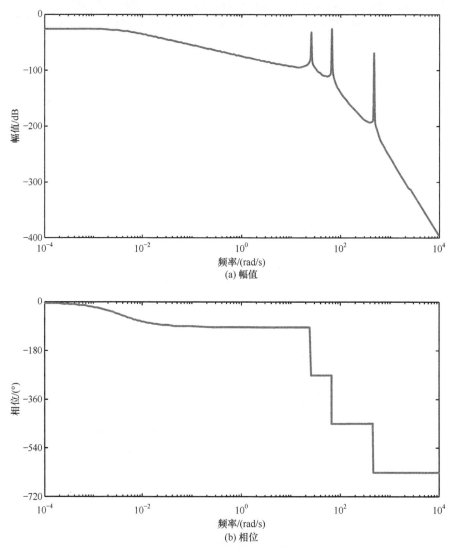

(a) 幅值

(b) 相位

图 9.42　传动系统的伯德图

$$J_{\text{tur}}\ddot{\theta}_{\text{tur}} + (B_{\text{tur}} + B_{\text{g}}i_1^2 i_2^2)\dot{\theta}_{\text{tur}} + k_{\text{tur}}\theta_{\text{tur}} = T_{\text{tur}} - i_1 i_2 T_{\text{gene}} \tag{9.25}$$

即相当于通过电磁转矩控制，给传动链增加了一个额外的阻尼，达到减振的效果。阻尼控制器需获取有害的转矩成分，这通过检测低速轴和高速轴的转矩来获得，但由于安装扭矩传感器不切实际，可通过对高速轴转速信号进行适当的滤波获取传动链扭振的信息。通过对高速轴转速信号进行带通滤波，就可以得到有害的转速波动信号，并通过海流能发电机组转矩控制器，施加一个与传动链扭转方向相

反的补偿转矩 ΔT_{gene}，附加到常规控制的最佳转矩上，从而增加传动系统的阻尼，达到减振的效果。控制系统框图如图 9.43 所示。

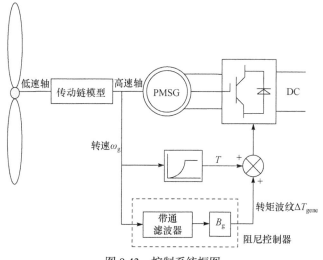

图 9.43 控制系统框图

基于上述控制原理，在 Simulink 软件中搭建了海流能发电系统的仿真模型，如图 9.44 所示。模型主要由四部分组成：叶轮、传动系统、控制系统以及阻尼控制部分。叶轮部分主要由 Bladed 软件中对叶轮的 λ-C_p 曲线采用二维插值法来实现。海流能发电机组的控制系统通过发电机转速给定发电机转矩，实现海流能发电机组的控制。

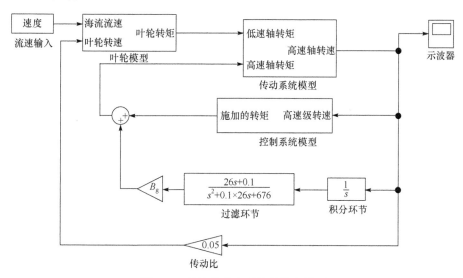

图 9.44 海流能发电系统的仿真模型

在 Simulink 仿真模型中,对机组采用恒转矩控制,分别在不同的电磁阻尼系数 B_g 下对发电机组进行加阻尼控制,发电机的转速波动仿真结果如图 9.45～图 9.47 所示。

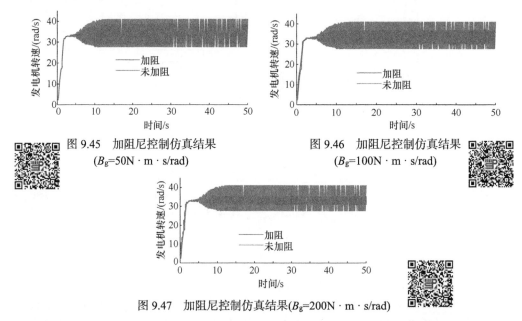

图 9.45　加阻尼控制仿真结果　　　　图 9.46　加阻尼控制仿真结果
$(B_g=50\text{N} \cdot \text{m} \cdot \text{s/rad})$　　　　　　　$(B_g=100\text{N} \cdot \text{m} \cdot \text{s/rad})$

图 9.47　加阻尼控制仿真结果$(B_g=200\text{N} \cdot \text{m} \cdot \text{s/rad})$

仿真结果表明,在一定的范围内,阻尼系数越大,减振效果越显著。但在阻尼系数超过一定的范围后,阻尼系数的增加对减振效果不再增强,反而有增加振荡的趋势,这可能是带相位补偿的控制器无法完全克服由通信延迟、执行器件的惯性等带来的相位误差,故选择合理的阻尼系数至关重要。

为验证控制方法的有效性,对 650kW 海流能发电机组在低流速下的恒转矩控制进行试验。未加阻尼时的发电机转速结果如图 9.48 所示,试验中由系统的弱阻

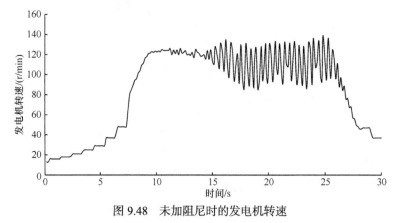

图 9.48　未加阻尼时的发电机转速

尼状态，系统逐渐开始振荡，并最终触发了机组的停机保护操作。此外，与仿真中的无阻尼系统相比，实际系统引起振荡的过程较为缓慢，可见系统本身存在一定的阻尼，但尚不足以抑制传动链的振荡。

在发电机组的控制系统中添加主动阻尼控制，并根据仿真结果调节阻尼大小，得到试验结果如图 9.49 所示。结果表明，通过主动阻尼控制，海流能发电机组的传动链谐振被显著抑制，发电机转速的振动幅度显得极为微小，而低频的转速波动主要是由流速变化引起的。

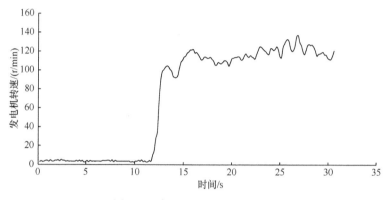

图 9.49　加阻尼时的发电机转速

9.4　本 章 小 结

控制系统是海流能发电装备的核心部件，系统的安全稳定运行、功率调节及负载控制等都依赖于合理的控制策略。本章从海流能发电装备的现场实际控制需求出发，结合发电装备的工作环境条件，提出了针对此类控制系统的设计原则，并基于该原则介绍了海流能发电装备控制系统架构及软硬件系统的设计方法。在控制系统软件方面，本章介绍了控制系统开停机、安全运行等的逻辑功能实现，以及海流能发电装备的功率控制技术和载荷抑制技术等，这些都可有效保障海流能发电机组的长期可靠高效运行。

参 考 文 献

[1] 高文元，祝振敏，井明波，等. 风电机组变桨距系统神经网络模糊自适应控制[J]. 武汉理工大学学报(信息与管理工程版)，2008, 30(4): 532-535.

[2] 张雷，李海东，李建林，等. 基于 LQR 方法的风电机组变桨距控制的动态建模与仿真分析[J]. 太阳能学报，2008, 29(7): 781-785.

[3] 张新房，徐大平，吕跃刚，等. 大型变速风力发电机组的自适应控制[J]. 系统仿真学报，2004, 16(3): 573-577.

[4] Ro K, Choi H H. Application of neural network controller for maximum power extraction of a grid-connected wind turbine system[J]. Electrical Engineering, 2005, 88: 45-53.

[5] Muljadi E, Butterfield C P. Pitch-controlled variable-speed wind turbine generation[J]. IEEE Transactions on Industry Application, 2001, 37(1): 240-246.

[6] 邢钢, 郭威. 风力发电机组变桨距控制方法研究[J]. 农业工程学报, 2008, 24(5): 181-186.

第10章　海流能发电机组实海况运行技术

海流能发电装备作为一种海洋新能源装备，技术水平多处于全尺寸机组海试到产业化推广的阶段，国际上长时间连续实海况商业化运行的机组还较少。而连续实海况运行经验对于这类海洋能发电装备的产业化推广具有十分重要的意义。本章结合作者多年来在海流能发电装备海上运行方面的经验，对海流能发电装备的海上安装、海上测试及运行维护等技术进行介绍，并给出系列化机组的运行结果供借鉴。考虑到列阵运行是海流能发电装备产业化后的主要方式，本章也对海流能发电装备规模化列阵运行技术进行研究。

10.1　系列化海流能发电机组的实海况运行

从 2004 年开始海流能发电装备的研究以来，浙江大学先后完成了 5kW、25kW、60kW、120kW 及 650kW 系列化样机的海上实海况测试。分析系列化样机的测试过程，海流能发电装备的实海况运行主要涉及海流能资源的勘测、海工基础、机组海上安装技术、配套的输配电方案及发电系统后续运行维护技术等。下面对系列化样机实海况测试的介绍将围绕以上几个方面展开。

10.1.1　650kW 海流能发电机组实海况运行

650kW 海流能发电机组属于并网型机组，且机组叶片较长，由此引起的机组整体载荷分布不均、动力电缆铺设及海上安装方式选择等问题，都需在机组设计和试验选址时一并考虑。

1.650kW 海流能发电机组选址及现场布放

1）海上选址
海流能资源开发的海域勘测是发电装备研制及布放的重要依据，包括水文勘测、海底地形地貌勘测、地质勘测等。图 10.1 为浙江省舟山市某海域的海底地形实测结果。

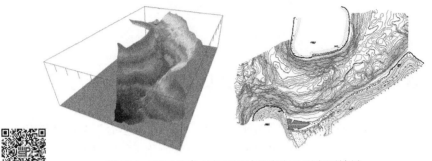

图 10.1　浙江省舟山市某海域的海底地形实测结果

　　该测试海域整体呈狭长水道状,水下地形受两侧山体延伸影响起伏较为明显。水下地形总体由两侧山体向水道中部逐渐加深,呈现凹槽状。海底地形是机组布放选点及海工安装方式选择的重要依据。

　　图 10.2 为该海域大潮和小潮时的水文实测结果,它给出了大潮和小潮时海水表层至底层流速的分布,图中 H 为水深。从图中可以看出,勘测时段内该测试海域大潮时的平均最大流速可达到 2.5m/s,小潮时的平均最大流速可达到 1.35m/s。

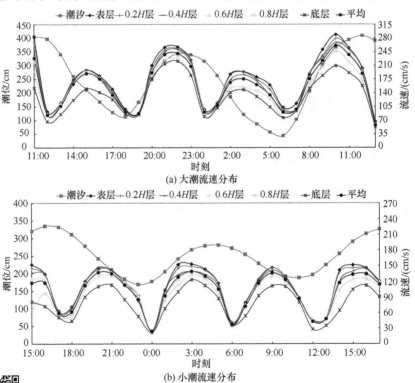

图 10.2　实测海域潮位及垂直方向上的实测流速

值得注意的是，在海流能发电机组的产业化开发时，需要对海域数据经过经年累月的连续测量，或调研地方水文勘测站资料，以获取详细的水文数据作为海流能装备的设计依据。图 10.3 是该海域在大潮和小潮时表层至底层的海流流向分布，可以看出该海域是标准的往复流。海流方向也是海流能发电机组设计的重要参考因素，机组设计时需考虑侧向来流对发电机组的影响，并制订相应的应对方案。

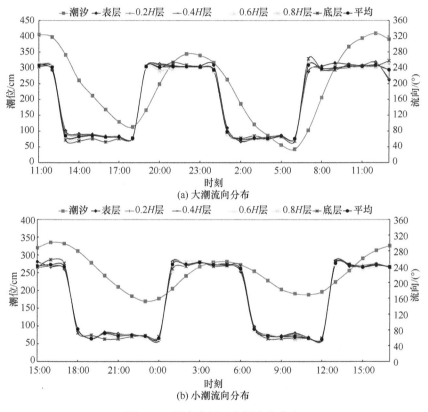

图 10.3 测点表层至底层流向分布

海域地质钻探和浅剖测量为海流能发电机组的海上安装方式选型及海上施工提供了依据，上述海域实测的地质条件如图 10.4 所示。根据浅地层声像图地层反射特征分析，浅剖区域的表层岩性判断为全风化砂岩，全场分布，层厚 0.4~1.2m；地层往下推断为基岩。图 10.5 为表层底质分布示意图。

由于海工结构及机组的运行维护成本在海流能发电机组的装机成本中占比较高，所以选择合理的海上安装方案对机组的经济性及装备的后续运行维护等具有重要意义。根据对实施海域海底地形地貌及海域地质条件的勘测结果，再结合成本、施工难度等因素，这里选择漂浮式安装平台+锚链固定的机组海上安装方式，该方法同时在浙江大学 60kW 和 120kW 海流能发电机组海试中得到了应用及验证[1, 2]。

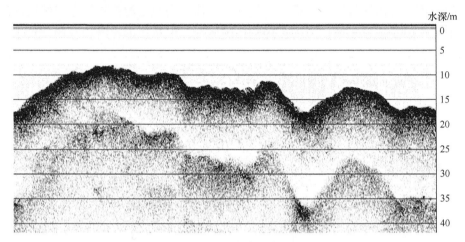

图 10.4　某浅剖典型剖面图

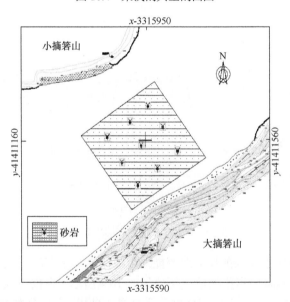

图 10.5　表层底质分布示意图(四框旁边的数字代表该海域在地球坐标系中的位置)

2) 机组的海上安装及布放

通过理论及仿真分析得到 650kW 海流能发电机组在全生命周期内全工况载荷统计结果，将该载荷结果作为机组海上安装机构的设计依据。据此设计了 33m×32.5m×4m 的漂浮式海上安装平台，机组安装平台及安装方案如图 10.6 所示。

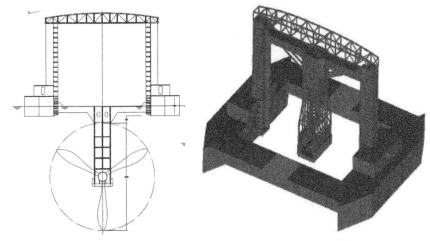

图 10.6　650kW 海流能发电机组漂浮式安装平台

选点海域水深 25m 左右，漂浮式平台通过锚链来锚固。考虑到机组现场安装及维护的便利性及经济性，漂浮式平台设计配有相关的用于机组维护的辅助设施，如升降式 T 形安装架、移动式维护维修甲板、船吊装置等。

考虑平台下海及拖动过程中的安全性，机组及叶片等设备是在平台现场锚固完成后，在船吊和平台自带吊装机构的协调下完成的，如图 10.7 所示。

图 10.7　650kW 海流能发电机组海上安装图

海流能发电装备主体机械部件通过船吊及平台吊装机构固定在可上下运动的 T 形安装架上，T 形安装架通过卷扬机实现提升和下放。机组的其他设备如变流器设备、卸荷负载、变压器等均在平台下海前在陆地上完成安装固定。电力电子等大型设备布放在舱内，而控制器及监控系统则置于甲板控制室内，所有接线工作可在厂内完成。图 10.8 为 650kW 海流能发电机组电气设备舱，图 10.9 为甲板控制室内的控制柜及操作台。

图 10.8　650kW 海流能发电机组电气设备舱

图 10.9　甲板控制室内的控制柜及操作台

　　该漂浮式平台除了可以满足 650kW 海流能发电机组的测试,还预留了通用型机械和电气接口,从而为国内同行研制的海流能发电机组海上测试提供了条件。

　　在输配电方面,考虑到大型海流能发电装备比较适合并网运行的特点,故前期完成了岸基升压站(图 10.10)及高压电缆铺设、输配电控制室等的工程建设。试验平台上发电机组输出的 690V 电能可以通过海上动力电缆与岸基升压站相连(图 10.11),经过岸基 690V/10kV 箱式变压器再通过 10kV 电缆将电力传输至岛上电力开闭所。

图 10.10　岸基升压站建设

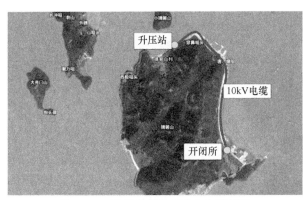

图 10.11 岸基升压站及输电电缆铺设

2. 650kW 海流能发电机组现场测试

1) 开停机及并网过程

在控制器首次上电或故障重新复位、开启网侧变流器后，控制器对系统状态进行巡检。在无故障条件下，控制器自动复位安全链，切出制动负载，然后机组进入待机状态。

当海流流速到达机组的启动流速时，叶轮开始旋转，随着流速的增加，叶轮转速提高；当发电机转速达到并网变流器开始并网的转速时，控制器开启机侧并网并进行发电机加载。650kW 海流能发电机组开机并网过程中记录的海流流速及发电机转速曲线如图 10.12 所示。机组的海上测试表明，650kW 机组的启动流速为 0.7m/s 左右(图 10.13)。

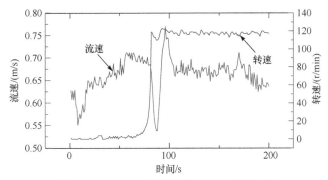

图 10.12 650kW 海流能发电机组并网过程

650kW 海流能发电机组的主动停机可以由变桨控制和卸荷负载的逐级切入来完成。例如，在机组发生过压、过功率、过速、电网掉电等故障或者操作人员手动紧急停机时，叶片节距角在顺桨的同时，卸荷负载会根据设定的控制程序逐级切入，实现平稳停机。停机过程的发电机转速如图 10.14 所示。

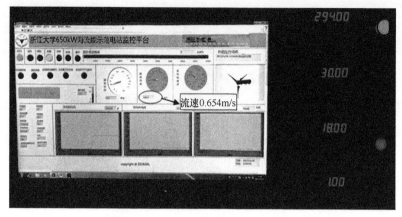

图 10.13 机组启动流速为 0.654m/s

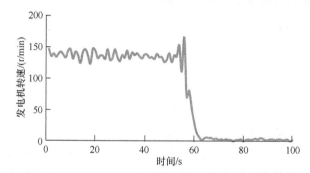

图 10.14 650kW 机组停机过程中的发电机转速曲线

2) 功率控制测试

下面对机组功率控制特性进行分析。以机组在某时段内的运行情况为例，图 10.15～图 10.17 分别给出了该时段一个发电周期内的流速、叶轮转速及发电机输出功率曲线。

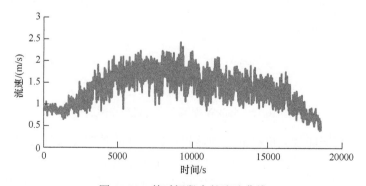

图 10.15 某时间段内的流速曲线

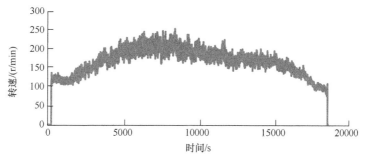

图 10.16　某时间段内对应的叶轮转速曲线

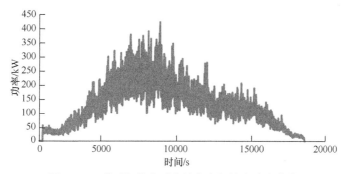

图 10.17　某时间段内对应的发电机输出功率曲线

为分析机组及叶轮的性能，对以上数据取 10min 内的样本，其功率与流速对应关系如图 10.18 所示。从图中可以看出，机组运行平稳，功率与流速有很好的对应关系，所设计的控制策略能有效给定发电机转矩信号，使得叶轮转速跟随流速变化而变化，保持最佳叶尖速比运行，追踪最佳功率点，实现最大能量捕获。图 10.19 是不同流速时的叶轮能量捕获系数。从图中可以看出，尽管受湍流影响海流流速变化明显，并由此导致能量捕获系数 C_p 值有较大的波动，但 C_p 值仍在 0.4 附近波动。

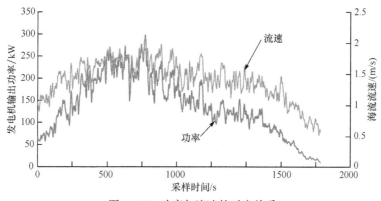

图 10.18　功率与流速的对应关系

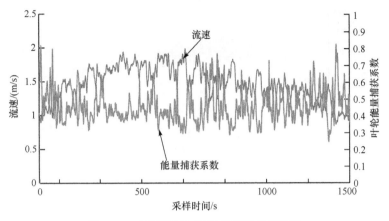

图 10.19　不同流速时的叶轮能量捕获系数

10.1.2　120kW 海流能发电机组实海况运行

1. 120kW 海流能发电机组海上布放

120kW 海流能发电机组的安装及布放方案与 650kW 海流能发电机组类似，区别在于 120kW 海流能发电机组体积和重量较小，所以更加便于部件的海上安装。该机组是在 25m×20m×3m 的平台上进行测试的，图 10.20 为机组部件现场吊装照片。

图 10.20　120kW 海流能发电机组海上吊装照片

此外，120kW 海流能发电机组为液压变桨型发电机组，它可以在双向海流中发电。为了提高机组在反向流时的能量捕获效率并降低轴向载荷、避免机组及安装架对叶轮流场的扰流作用(塔影效应)，在机组后侧增加了导流锥，其兼具配重的作用，保证机组重心位于浮动平台的形心处，如图 10.21 所示。安装完成的海流能发电机组如图 10.22 所示。

120kW 海流能发电机组的漂浮式安装平台同样由两个舱室组成，其中一个舱放置机组的并网电气设备(图 10.23)，而另一个舱放置制动负载及部分电力转换部件、储能单元等。

图 10.21　120kW 海流能发电机组平衡配重块　　　图 10.22　安装完成后的 120kW
　　　　　　及导流锥安装　　　　　　　　　　　　　　海流能发电机组

图 10.23　并网电气设备

120kW 海流能发电机组的变桨液压系统、主控制柜和变桨控制柜、变桨液压站等均放置在甲板房间内，如图 10.24 所示，通过 TCP/IP 及 RS485 等通信方式与舱内设备进行数据交换。

图 10.24　120kW 海流能发电机组控制系统及变桨液压系统

机组下水前，对整个系统进行调试，包括变桨机构、变桨液压系统、控制系统、电气系统、通信系统、制动环节、状态监测系统等，确保机组一切功能正常后，开始下水测试。

2. 120kW 海流能发电机组海上测试结果

将机组下放到海里，系统上电并且控制器完成系统自检，一切正常后，机组进入待机状态。随着流速的增加，当流速达到 0.8m/s 左右时，机组开始启动。当发电机线电压达到 360V 左右时，机组开始并网。图 10.25 为机组在并网过程中的海流流速及发电机电压曲线。

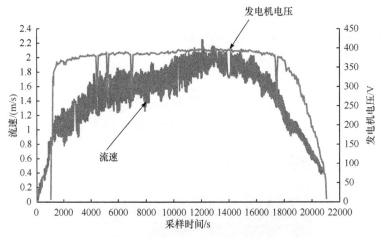

图 10.25　120kW 海流能发电机组并网过程中的海流流速及发电机电压曲线

图 10.26 是 120kW 海流能发电机组在一个发电周期内的发电情况。在舟山地

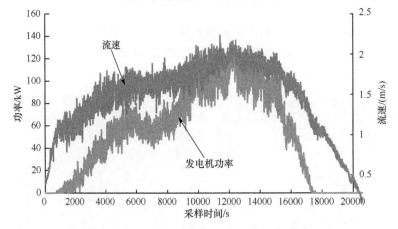

图 10.26　一个发电周期内的流速-功率曲线

区，潮水为典型的半日潮，机组 24h 内可以发电四个周期，一个发电周期对应一个涨潮或落潮。从图中可以看出，当海流流速为 0.7m/s 左右时，机组开始启动并发电。由图 10.27 可以看出，当流速达到 2m/s 的额定流速时，机组输出电功率达到 120kW。

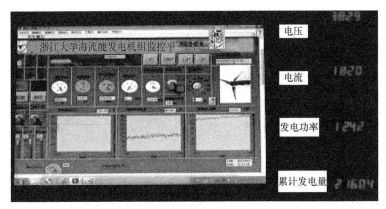

图 10.27　120kW 海流能发电机组控制台界面

通过分析上述数据，可以得到 120kW 海流能发电机组在整个流速区间内的叶轮能量捕获系数，如图 10.28 所示。从图中可以看出，叶轮的平均能量捕获系数在 0.4 附近波动，可以认为该波动是由流速波动及其与叶轮作用的非线性导致的。

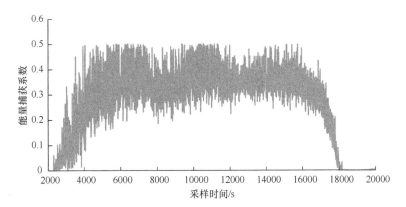

图 10.28　120kW 海流能发电机组不同流速条件下的叶轮能量捕获系数

10.1.3　60kW 海流能发电机组实海况运行

1. 60kW 海流能发电机组海上布放

60kW 海流能发电机组是在 2010 年首批次国家海洋局海洋可再生能源专项支

持下完成研制的,该机组是从小比例试验样机到工程化示范样机的过渡验证机型,故基于前期的研究基础,对一些相对成熟的技术进行了定型化设计,如半直驱传动技术、可靠密封技术、离网及并网运行技术等。该机组的成功海试奠定了后期120kW、300kW、650kW 系列化示范机组研制及海试的基础。

如图 10.29 所示,60kW 海流能发电机组安装在项目组最早完成的 25m × 20m × 3m 试验平台上。从海上运行维护方便、机组全方位测试等角度出发,平台配备了电(手)动机组升降机构、可移动维护台架及平台船吊、并网电气设备、离网电气设备等专用设备,同时平台上安装了流速流向仪、水深测量仪、三相电参数测量仪等通用型仪器,还安装了舱内外监控系统、远程信息传输系统和试验平台的海流能自给供电系统。试验平台的两个片体舱分别作为离网电气设备舱(图 10.30)和并网电气设备舱(图 10.31),平台甲板房间安装有机组控制柜及上位机操作台。

图 10.29　60kW 海流能发电机组海上测试

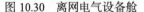　

图 10.30　离网电气设备舱　　　图 10.31　并网电气设备舱

2. 60kW 机组运行测试

在第 8 章已对 60kW 海流能发电机组的离网电气系统进行了介绍,该机组的离网试验就是利用了该电气系统。

图 10.32 给出了 60kW 海流能发电机组离网运行时的启动及停机过程，机组启动流速为 0.6～0.7m/s，机组克服静摩擦启动后，发电机电压快速上升，直到整流后的电压达到蓄电池充电电压，此时机组进入加载状态。

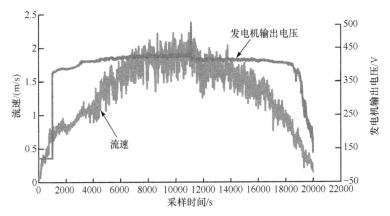

图 10.32　60kW 海流能发电机组离网运行时的启动及停机过程

图 10.33 给出了 60kW 海流能发电机组在图 10.32 所示流速段离网运行时的发电机输出功率。受蓄电池容量限制，在该机组的离网实海况运行中，系统采用了功率限制手段。

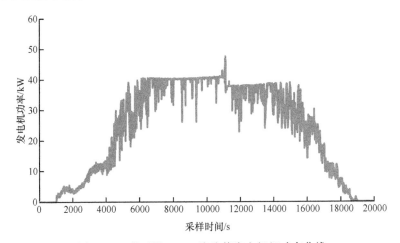

图 10.33　某时段 60kW 海流能发电机组功率曲线

比较图 10.32 和图 10.33 可以看出，当流速在 1.7m/s 左右时，机组功率约为 40kW，此时叶轮 C_p 值接近 0.46，但受蓄能单元容量限制，此后机组多余的电能需要靠卸荷负载消耗掉，故机组只能实现部分叶尖速比范围内的机组最大能量捕获。结合实测的流速和功率，依据公式 $\eta=P_{电}\Big/\Big(\dfrac{1}{2}\rho Av^3\Big)$，图 10.34 给出了整机转换效率与流速的关系曲线。

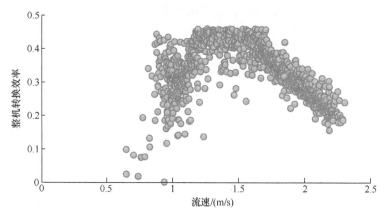

图 10.34　60kW 海流能发电机组整机转换效率曲线

在项目实施后期，随着岸基输配电设施的不断完善，60kW 海流能发电机组升级为并网运行模式。图 10.35 和图 10.36 分别为 60kW 海流能发电机组并网运行时某时段的海流流速、发电机输出功率曲线。与上述离网运行数据相比，由于并网运行模式机组输出功率不受负载条件的约束，故机组采用了最大功率跟踪的控制模式，从图 10.35 和图 10.36 可以看出，功率的增加基本与流速的三次方成正比。

利用与前述同样的方法，可以得到 60kW 海流能发电机组在不同流速条件下并网运行时的能量捕获特性，这里省略。

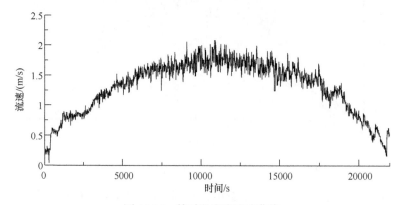

图 10.35　某时段海流流速曲线

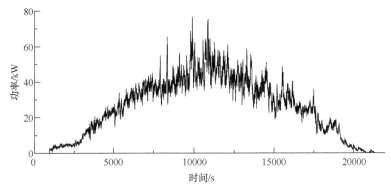

图 10.36　该时段内发电机并网输出功率曲线

10.2　海流能海上发电场的装备安装及运行维护技术

10.2.1　海流能发电机组海上安装方案

试验平台的主要功能是为机组提供基础支撑，并为电气系统、控制系统等提供安放空间。目前海流能发电装置的海上安装方式可以分为三种(图 10.37)，即打桩式(单桩或多桩)、漂浮式、重力式[3]。本质上重力式安装方式也属于桩式安装方式的一种，但它是用重力基础代替了将桩打入海底岩层的方案，故本节重点对打桩式安装方式和漂浮式安装方式进行介绍。

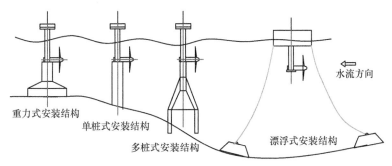

图 10.37　常用的海流能发电机组海上安装方式

1. 机组打桩式安装方式

重力式安装靠底座重力基础将桩结构固定，该种安装方式对海底具有一定的要求。而海底嵌入式桩安装方式是利用嵌入海底土壤的压力来克服机组载荷，可以是单桩，也可以是根据实施海域条件及机组载荷采用多桩结构[4]。由于桩打入海床较深，所以这种形式的安装结构较稳定可靠，但对于有岩石的海床不适合采用此基础。

　　桩基础可由液压锤或振动锤贯入海床，也可在海床上钻孔。这种安装方式的优点是制造简单且不需做任何海床准备，而且海底电缆固定方式相对容易，如果机组离岸距离不远，可以通过铺设静态海底电缆将每台机组的电能分别输送到岸上(图 10.38)，如此变压器设备等都置于岸上。如果机组离岸较远，也可以建设海上升压站，各机组集中升压后将电能输送至岸基配电室。打桩式结构的缺点是受海底地质条件和水深的约束，安装时需要专用设备如钻孔设备、打桩船等，且单桩成本较高，比较适合批量作业。此外，随着水深的增加，桩基施工安装费用成倍增加；桩结构对海水冲刷比较敏感，故需要在海床与基础相接处做好防冲刷防护。

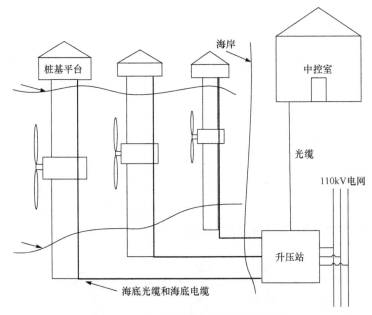

图 10.38　桩式安装方式电缆走线方案

　　如果已知海流能发电机组的载荷条件，那么可以选择设计及施工技术已基本成熟的桩结构。下面给出海流能发电机组桩结构主要的强度计算过程。

　　桩结构在水下主要受剪切力、组合弯矩及部分扭矩的作用。机组是桩结构载荷的主要来源，包括叶轮的轴向力、俯仰力矩及偏航力矩等。此外，桩结构自身也存在相应的水动力载荷。运用材料力学知识，初步确定桩结构的参数尺寸，再通过理论力学知识或有限元方法对其进行校核。

　　假设桩径为 d，水深为 h，则桩的受力投影面积 $S = dh$。

　　根据莫里森(Morrison)公式，就可得到水流对桩的阻力 F_{D_Z}(考虑海流在垂直方向上的流速梯度变化，采用积分的方法求得水流对桩结构的作用力)为

$$\mathrm{d}F_{D\_Z} = 0.5\rho d v(h)^2 C_{D\_Z} \mathrm{d}h \tag{10.1}$$

式中，C_{D_z} 为桩的阻力系数；ρ 为水的密度；$v(h)$ 为深度 h 处的流速。

假设机组叶轮轴向力为 F_{thr}，叶轮俯仰弯矩为 M_{pitch}，可得到桩机构的作用载荷：

(1) 总的剪切力 Q 为 $F_{D\_z} + F_{thr}$。

(2) 设叶轮轴至海底的距离为 h_r，水流对桩阻力的等效作用点距海底 h_z；为便于计算并考虑机组重力对桩结构的倾覆作用较小，这里假设装置重心与桩结构中心重合，则桩结构海底处(应力集中点)的总弯矩 M_b 为

$$M_b = F_{thr}h_r + F_{D\_z}h_D + M_{pitch}\tag{10.2}$$

式中，h_D 为水流对桩的等效力作用点与海底的距离。

接下来依据载荷计算结果对桩结构进行设计及强度校核。

(1) 抗剪切校核：根据材料力学理论，桩截面的剪切应力为

$$\tau = \frac{Q}{A} \leqslant [\tau]_p$$

式中，$[\tau]_p = (0.75 \sim 0.80)[\sigma]_b$ 为许用剪切强度，$[\sigma]_b$ 为材料的抗拉强度。那么可以得到满足剪切载荷的桩结构截面面积为 $A \geqslant \dfrac{Q}{[\tau]_p}$。

(2) 抗弯强度校核：在受拉一侧的最大拉应力为

$$\sigma = \frac{M_b y_{max1}}{I_x} = \frac{M_b}{W_{x1}} \leqslant [\sigma]_b$$

在受压一侧的最大压应力为

$$\sigma = \frac{M_b y_{max2}}{I_x} = \frac{M_b}{W_{x2}} \leqslant [\sigma]_c$$

式中，$[\sigma]_b$ 为许用拉应力；$[\sigma]_c$ 为许用压应力；通常对桩结构只进行抗拉强度的校核即可，因为对于低碳钢，其弹性模量和屈服强度都与拉伸时大致相同，而高碳钢或脆性材料，其抗压强度将远高于抗拉强度，如铸铁的抗压强度比它的抗拉强度高 4～5 倍[5]；W_x 为截面的抗弯截面系数；y_{max1} 和 y_{max2} 分别为离中性轴最远点的距离；I_x 为对中性轴的惯性矩。

根据以上公式，可以得到满足抗弯强度的桩结构截面结构参数。将其与抗剪切截面结构参数对比，即可得到最终的桩结构截面参数。

2. 机组漂浮式安装方式

漂浮式安装方式是将漂浮式平台锚泊于海流水道中，海流能发电机组通过钢结构固定在平台上，并可依托浮体平台建造快速安装维修平台及机组升降式安装结构，如图 10.39 所示。漂浮式安装方式的优点是可以满足较深海域条件的机组

安装，且建造和安装程序的灵活性强，机组后续的运行维护成本较低。其缺点是平台易受风浪作用导致平台稳定性相对较差，且会影响海流能发电机组的对流状态；此外，平台对锚固系统也有一定的要求，电缆走线相对复杂，需要铺设可靠的动态海底电缆。

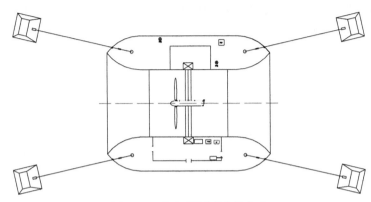

图 10.39　机组漂浮式安装方式

　　运用漂浮式安装方式，需要制订较详细的施工技术方案和施工流程，涉及机组主体结构安装固定、叶片的安装、平台定位与锚固、机组提升机构调试、海上布缆作业等。在有条件的情况下，可以在浮动平台下水之前，先将舱内电气设备及控制设备等安装到位，并布好平台内的电缆，将快速升降机构安装到浮体上，如有可能，可将机组也安装到位。然后将浮动平台拖曳至试验海域，开展定位锚泊、系统调试等工作，待所有准备调试工作完成后，通过平台升降机构将机组下放到水里。

　　事实上，具体实施方案的选择除了考虑技术层面，还要考虑发电场的装机规模，因为它关系到工程施工总体方案及相应的经济成本核算。此外，针对不同的安装方式还要进行各种环境影响评估、安全性评估等。

　　本书所涉及的相关机组试验海域表层岩性为全风化砂岩，地层往下为基岩，常规的抛锚无法固定浮体，针对此问题，漂浮式试验平台采用水泥墩加弹性锚链锚定的方法。虽然试验平台所处海域极限海况出现概率较小，但为了保证试验平台的可靠与安全，平台及锚泊系统设计考虑示范海区 50 年一遇的水文气象包括台风条件，以 12 级风、4m 浪高(五级海况时浪高为 2.5～4.0m)、最大海流流速 4m/s、风速 30m/s 进行计算，得到海流能发电机组叶轮载荷分布。同时计算风、浪、流混合作用下试验平台的载荷及其纵荡、垂荡、纵摇的运动速度和加速度，在对锚链系泊力计算时着重考虑系泊点处的速度和加速度的影响，以此对锚链的强度及其重力水泥墩的锚固能力进行校核。

　　考虑作用于发电装置的环境力合力中的水平分量 F_H，锚链底端重物 M_m 与海底接触产生的摩擦力、接触力等合力的水平分量 F_{H0} 与 F_H 平衡，即 $F_H = F_{H0}$。通常，抛锚长度应保证悬锚泊线在锚点处与海底相切($b = 0$)，此种状态锚点仅受水平力 F_{H0} 的作用，锚链的重力 G_m 全部由舱体产生的浮力支撑，如图 10.40 所示。

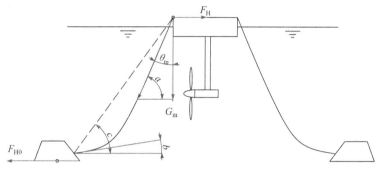

图 10.40 锚泊系统受力分析

设计时为简化计算，假设锚链处于张紧状态即无挠度，此时平台系统应满足以下条件(重力块与海底的摩擦力大于锚链水平拉力)：

$$\begin{cases} T_m \cos c = F_H \\ (M_m g - T_m \sin c)\mu > F_H \end{cases} \tag{10.3}$$

式中，$c = \arctan(y_m / x_m)$，y_m 和 x_m 分别为重力块距平台上系泊点的垂直距离和水平距离。根据式(10.3)可初步获得重力块的质量。但实际情况是锚链呈现悬链线结构，平台系泊点处锚链与水平面的夹角设为 a，而在重力块，锚链与海底夹角为 b，如图 10.40 所示。

单个锚链链环在水中的净重量为 G_{mj}，总链环数为 n_m，则可以计算得到发电装置浮动平台锚链第 i 个铰接点处的重力 $\sum\limits_{l=i}^{n_m} G_{mj\_l}$，及其与锚链的夹角 θ_{m_i}：

$$\theta_{m\_i} = \arctan \frac{F_H}{\sum\limits_{l=i}^{n_m} G_{mj\_l}} \tag{10.4}$$

同时锚链姿态满足以下公式：

$$\begin{cases} y_m = \sum\limits_{i=1}^{n} L \cos \theta_{m\_i} \\ x_m = \sum\limits_{i=1}^{n} L \sin \theta_{m\_i} \end{cases} \tag{10.5}$$

式中，L 为选定链环的长度。由此，在抛锚深度 y_m 一定的情况下，选择某一链环规格，即可利用式(10.4)和式(10.5)完成所抛链环个数的计算，进而得到抛锚长度及水平距离等参数，从而根据式(10.3)求取重力块的质量。

锚链强度应满足以下条件：

$$\frac{1}{A_{\mathrm{m}}}\sqrt{\left(\sum_{l=i}^{n_{\mathrm{m}}}G_{\mathrm{mj}\_l}\right)^2+F_{\mathrm{H}}^2}<[\sigma]_{\mathrm{b}} \tag{10.6}$$

10.2.2 海流能发电机组部件的运行维护

根据载体平台、电气、机组等设备的特点，制订年度、月度维修保养计划。

齿轮箱外观检查，检查机组外部防腐涂层剥落、锈蚀、螺栓松动、海生物附着等。机组刚开始运行 3 个月及 6 个月进行齿轮箱润滑油油品检验，以后每 6 个月对齿轮箱油品进行检验，无论齿轮箱运行多长周期，根据相应的齿箱润滑油检验技术规范检测，油品检验合格方可继续使用，如油品检验不合格则更换齿轮箱润滑油，换油时应将机组停止运行一段时间(时间≥20min)，使油温降至 20℃以下。

定期检查叶片表面涂层是否有剥落现象，叶片前缘是否有凹坑，叶尖或前缘及叶片表面是否有裂纹；检查叶片的磨损情况；检查叶片连接件、法兰等是否有腐蚀的痕迹。如果存在上述情况，应作如下记录：机组号、叶片号、长度、方向及可能的原因，描述隐患处并进行拍照记录。如果在叶片根部或叶片承载部分发现裂纹或裂缝，那么机组必须立即停机并及时进行清理或修复。

定期开展液压系统的功能性检查和测试，观察油液颜色浓度是否均匀；变桨液压系统及液压制动系统运行是否有异响、功能是否正常、性能是否达到预期等。检查所有管线及阀块、连接处等是否有渗漏。

定期检查载体平台电气设备、动力电网、照明电网主杆线路绝缘状态并做好记录；校核发电系统过载、失压、逆功率保护等是否正常，检查应急切断开关等。检查每个电控柜的接线端子是否松动或锈蚀；连接点触头绝缘子、接地线是否正常。

定期开展主控系统的功能性检查和各类仪表误差值的检测。

10.2.3 列阵发电机组的运行维护

1. 舟山海洋能试验场列阵布置方案

除了特殊海域的海能利用，机组大型化和规模化是海流能发电产业化发展的重要方向，如英国 Atlantis 公司 2016 年启动建造的总装机容量为 398MW 的水下海流能发电场。列阵的发电场建设中一个重要的问题就是多机组的空间优化布置，以实现被开发海域的最大能量利用。目前，海流能发电装备的主要布置形式可以分为并联布置和串联布置。浙江大学摘箬山海域建成的列阵海洋能发电场即采用了并联布置方式，其总体布局如图 10.41 所示。该方案设计综合考虑了系列化机组中每一台发电机的功率等级、海域水深条件及流速流向分布、电缆走向等因素。

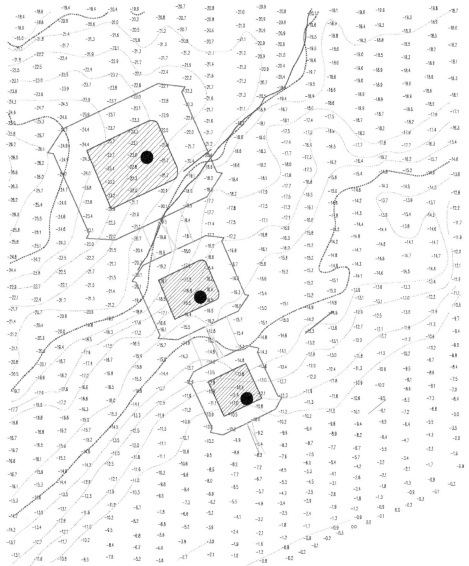

图 10.41 摘箬山海域整体地形图

图 10.42 和图 10.43 分别为该布置方案的纵向剖面图和实物图。多年的运行实践经验表明，该种布置方式具有相对较高的运行效率，各台机组间几乎不存在影响。

与机组并联布置方式对比，串联布置方式由于机组间容易受到尾流的影响而较少被应用。对交错布置方式的研究表明它是一种潜在的有价值的安装方式。

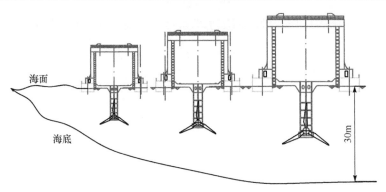

图 10.42　漂浮式方案的纵向剖面图

图 10.43　试验平台总体布置实物图

2. 海流能发电列阵机组仿真研究

通过对阵列式海流能发电机组布置的优化,可以实现整个发电场发电效率的最大化,本节运用流场分析手段对机组不同布置形式的优缺点进行简单介绍。

1) 并列布置机组之间的流动影响

如图 10.44 所示,相邻机组的距离为 $0.5D$,其中 D 为叶轮直径,通过对这三个机组的流场进行仿真,验证在并列布置距离下相邻机组之间流动有无影响。

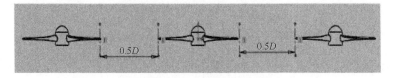

图 10.44　并列布置方案

图 10.45 是海流能发电机组并列布置时不同流速下的叶轮流场流速及压力分布。从图中可以看出,机组流场相互间基本没有影响,但是机组之间的流速因机

组的挤压及聚流效应而明显增大。此外,可以发现流速较高时机组尾流的流场恢复速度要明显快于低流速的情况。

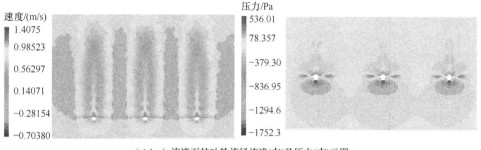

(a) 1m/s 流速下的叶轮流场流速(左)及压力(右)云图

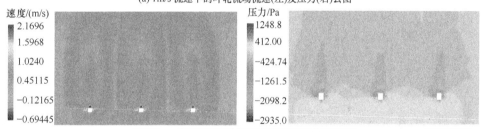

(b) 1.3m/s 流速下的叶轮流场流速(左)及压力(右)云图

图 10.45　海流能发电并列布置时流场流速及压力分布

2) 三角形交叉布置机组之间的流动影响

基于上述并列布置方案,本节提出了三角形交叉布置方案。图 10.46 为一种三角形交叉布置方案,该方案中上游并列机组叶轮中心横向间距为 2.5D,前后机组叶轮中心间距为 D,其中 D 为叶轮直径。对各个机组的流场特性进行仿真,研究此类布置方案对机组性能的影响。

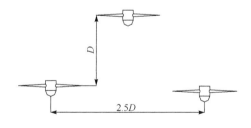

图 10.46　三角形布置方案

图 10.47 给出了机组在不同间距布置方案时的流场流速及压力分布。从图中可以看出,对于较大的横向间距(图 10.47(a)中的 2.5D),交叉布置的机组间增速效果不明显,与上述并列布置方案效果类似。更为合理的布置方案(图 10.47(b)中横向间距 1.8D、纵向间距 3D 布置)可增大并列机组间的流速。

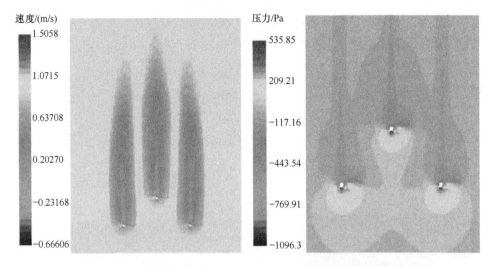

(a) 三角形分布(横向2.5*D*、纵向*D*)时的叶轮流场流速(左)及压力(右)云图

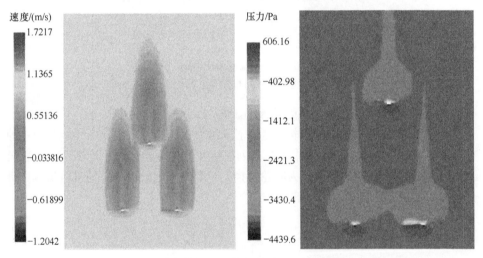

(b) 三角形分布(横向1.8*D*、纵向3*D*)时的叶轮流场流速(左)及压力(右)云图

图 10.47　海流能发电机组三角形布置时的流场分析

3) 串列布置机组之间的流动影响

受发电场海域空间限制,机组前后布置是不可避免的,对于此类布置,考虑到叶轮尾涡较长,处于尾流场中的叶轮受影响较大,需要确定合理的间距和布置形式,从而既能保证叶轮的效率又能保证海洋空间的充分利用,同时兼顾机组铺设电缆成本。

图 10.48 是双叶轮串列布置且叶尖速比为 6 时,机组前后距离对不同叶轮尾流处(0~15*D*)的流场影响。图 10.49 给出了叶轮不同尾流处叶轮扫截面区域内的

速度分布，可见越靠近叶轮尾流中心，其流速降低越明显。

图 10.48　机组双叶轮串列布置且叶尖速比为 6 时的速度云图

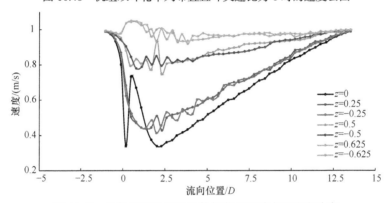

图 10.49　叶轮不同尾流处叶轮扫截面区域内的速度分布

图 10.50 给出了叶轮不同尾流处的速度分布。从图中可以看出，叶轮后的尾流场速度明显下降，距离叶轮后 1 倍叶轮直径(2D)处的流场影响最明显，从 2D

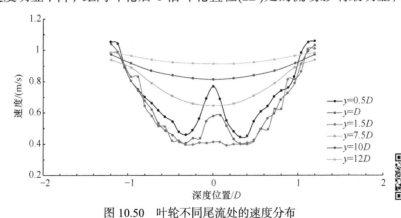

图 10.50　叶轮不同尾流处的速度分布

距离处流速开始缓慢恢复，当距离达到 10D 之后，尾流场影响明显减弱。

不同间距串列布置双叶轮海流能发电机组的能量捕获系数和推力系数的特

性曲线如图 10.51 和图 10.52 所示。从中可以发现不同间距下的性能曲线大致分为两段：在 5D 叶轮直径的间距内，由于双叶轮非常接近，相互影响明显，上游的叶轮性能略有下降，下游叶轮能量捕获系数非常低，旋转失速明显，推力系数同样比较低，随着间距增大，下游叶轮性能开始逐渐提高；在 5D～30D 叶轮直径的间距内，上游叶轮已不再受下游叶轮的干扰，性能达到稳定，下游叶轮性能曲线具有较好的线性，随着距离的增加，性能线性均匀地增加，在达到 30D 直径间距时，下游叶轮能量捕获系数已恢复到单个叶轮的 88.5%，推力系数恢复到 94.1%。

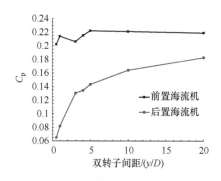

图 10.51　双叶轮不同间距下的能量捕获系数曲线

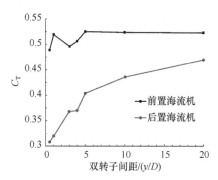

图 10.52　双叶轮不同间距下的推力系数曲线

10.3　本章小结

　　针对目前海流能发电装备海上运行经验欠缺的问题，本章基于作者多年的系列化海流能发电装备海上测试经历，对海流能发电装备的实海况运行相关的海上安装、机组调试及运行维护等内容进行了介绍。最后结合海流能发电装备的产业化趋势，对列阵运行的海流能发电试验场机组布置规划进行了仿真研究。

参 考 文 献

[1] Xu Q K, Liu H W, Lin Y G, et al. Development and experiment of a 60kW horizontal-axis marine current power system[J]. Energy, 2015, 88: 149-156.

[2] Gu Y J, Liu H W, Li W, et al. Integrated design and implementation of 120-kW horizontal-axis tidal current energy conversion system[J]. Ocean Engineering, 2018, 158: 338-349.

[3] Sanchez M, Carballo R, Ramos V, et al. Floating vs. bottom-fixed turbines for tidal stream energy:A comparative impact assessment[J]. Energy, 2014, 72(8): 691-701.

[4] 陈达. 海上风电机组基础结构[M]. 北京：中国水利水电出版社，2014.

[5] 刘鸿文. 材料力学 I[M]. 4 版. 北京：高等教育出版社，2004.